日本交通政策研究会研究双書 33

運輸部門の気候変動対策

ゼロエミッション化に向けて

室町 泰徳　編著

兵藤 哲朗・永田　豊・松橋 啓介
三科 善則・鈴木 崇正　　　執筆

成山堂書店

はじめに

日本は2015年に国連に提出した国が決定する貢献の中で、2050年までに温室効果ガス排出量を80%以上削減することを明示している。日本が2016年にパリ協定を批准したことにより、このことは国際的な約束となっている。温室効果ガス、中でも、排出量において90%以上を占めるCO_2は、エネルギー部門や産業部門などいくつかの主要な部門から排出されている。その中のひとつにCO_2排出量の約18%を占める運輸部門があり、運輸部門はさらに、CO_2を排出する自動車、鉄道、船舶、航空機の交通機関にわかれている。CO_2排出量に占める各交通機関の割合は、約86%、4%、5%、5%である。こういった背景から、本書では「運輸部門」の気候変動対策の検討を行うものの、ほとんどの章は自動車からのCO_2排出量を直接、間接の対象としており、航空機や船舶を対象とした章は含まれていない。航空機からのCO_2排出量も1999年のIPCC特別報告書『航空機と地球大気』以来、大きな課題のひとつとして認識されており、機会を改めて検討の対象に加えたい。

本書は、全13章からなる。第1～3章は、運輸部門における気候変動対策の概論となっている。第1章は、「運輸部門のゼロエミッション化とパリ協定」と題し、2015年12月に合意されたパリ協定の内容を簡単にレビューし、日本をはじめ条約締約国の運輸部門に課された目標について考察している。また、一部の国・地域ではガソリン乗用車とディーゼル乗用車の新規販売を2040年前後から禁止する方針が発表されており、関連して、フランス、ノルウェーにおける電気自動車促進政策のレビューを行っている。最後に、運輸部門が21世紀を通じてドラスティックに変化する可能性が高い部門であることを指摘しつつ、日本の運輸部門の気候変動対策の現状を検討している。第2章は「気候変動の影響と運輸部門における適応策」として、まず、気候変動に関する緩和策と適応策、レジリエンスと脆弱性に関する議論を行っている。次に、海外における運輸部門の適応策の例として、米国と英国政府による適応計画をレビューし、主な内容を整理している。最後に、日本の適応策の現状を示し、その課題を検討している。第3章は「乗用車と貨物車の地域別CO_2排出量変動要因」と題し、日本の乗用車と貨物車のCO_2排出量の変動を完全要因分析法により分析している。まず、交絡項を要因の変動量に応じて帰属、配分させる新しい分析法を提唱したうえで、1990年度から2008年度の全国と地域別のCO_2排出量の変動を分析し、主な変動要因を特定している。そして、乗用車のCO_2排出量が2001年度以降減少傾向にある主な要因、および、貨物車のCO_2排出量が1996年度以降減少傾向にある主な要因について明らかにしている。

第4～6章は、電気自動車促進策に関する検討である。第4章は「電気自動車によるCO_2削減のための電源構成」で、電気自動車（EV）がCO_2削減に効果を発揮するための電源構成について検討している。東日本大震災以降、日本の電源構成は大きく変化しており、今後どのように電源構成を再構築していくかは、運輸部門における気候変動対策に大きな影響を与える。本章では、日本における2050年までの電源構成の見通しを与えるとともに、その電源構成の変化が運輸部門の気候変動対策、特に電気自動車促進策にどのように影響するかに関して議論している。第5章は「電気自動車の道路走行特性の把握可能性」と題し、電気消費量推計式に基づいて、道路走行条件を把握するプローブカーとして電気自動車を用いることの可能性について検討している。構築したモデルにより、電気消費量を高い精度で推計できることを確認し、それを東名・新東名高速道路に適用することで、それぞれの走行特性の相違を示している。第6章は、「ハイブリッド車のCO_2排出量削減効果」に関する分析結果を示している。2010～2013年度における、ハイブリッド車の実走行燃費とカタログ燃費間の地域別ギャップ、およびハイブリッド車利用による地域別直接リバウンド効果の推計を行っている。

第7～10章は、土地利用と公共交通の連携を想定した自動車からのCO_2排出量削減策の検討である。第7章は「乗用車起因のCO_2排出量とメッシュ人口との関係」と題し、道路交通センサスOD調査データを用いて、地域別乗用車CO_2排出量を推計している。また、乗用車保有率、トリップ頻度、トリップ長といった要因とあわせて1980年から2010年までの7時点の動向を詳細に検討している。第8章は「車利用に対する都市環境・個人要因のマルチレベル分析」であり、主に車利用と都市環境要因のひとつ、人口密度との関係を議論している。そして、複数の地区における車利用、都市環境要因、個人要因の関係をマルチレベルモデルを用いて検討している。第9章は「鉄道整備の人口密度と車利用への影響」と題し、鉄道整備が人口密度と車利用に与える影響を検討している。日本の国勢調査データと鉄道施設空間データを用いて、鉄道駅の整備前後における人口密度や交通行動の変化を分析し、鉄道整備がそれらに及ぼす影響について明らかにしている。第10章は「居住地誘導による東京都市圏の職住近接化」であり、長期的な土地利用計画に関する課題のひとつとして、東京都市圏における過剰通勤交通の実態を分析的に明らかにしている。さらに、これを緩和するための居住地誘導のあり方の検討を行っている。

第11～13章は、ライフスタイルとCO_2排出量の関係に関する検討である。第11章は「東京とマニラのエコドライブ講習による燃費改善効果」である。エコドライブの実践は環境にやさしいライフスタイルの一面と考えられるが、これまでの適用はほぼ先進国に限定されてきた。本章では、エコドライブ講習の実施前後におけるマニラと東京のサンプルドライバーの実走行燃費改善効果を検討し、今後モータリゼーションが進展すると考えられる開発途上国のエコドライブ導入効果を明らかにしている。第12章は、「食品流通におけるCO_2排出量の推計　ミナミマグロを例として」である。日本で消費されるマグロを例に取り上げ、主に海上輸送と航空輸送からなる流通経路と、それぞれの物流費用、およびCO_2排出量を比較検討している。ライフスタイルは、人の交通のみならず物の交通にも影響を与え、CO_2排出量と深く関係していることを示す数多くの例のひとつである。第13章は「通学交通手段利用履歴と車購入に対する意識」で、近年一部の先進国に見られる若年層の車離れについて議論した後、大学学部学生に対する免許保有と車保有に対する意識に関するアンケート調査データを分析し、過去の通学交通手段利用が車購入に対する意識に与える影響を議論している。車利用などのライフスタイルの形成は、小中高の通学交通手段利用から始まっているという想定である。

本書は公益社団法人日本交通政策研究会の「運輸部門における気候変動策等に関する研究会」(2006年～現在、自称CO_2研究会）による研究成果の一部をまとめたものである。ガソリン乗用車のエネルギー消費量に関する価格および所得弾力性値の推計など、紙面の都合により本書に収めることができなかった成果も少なくない。興味のある読者は日本交通政策研究会研究報告書をご参照いただければ幸いである。CO_2研究会は、メンバーの研究を進展させるうえで、自動車工業会様からの多大なるご支援と貴重なご示唆をいただいている。また、太田勝敏先生（東京大学名誉教授)、杉山雅洋先生（早稲田大学名誉教授)、香川勉氏（交通評論家)、谷口正明氏（元一般財団法人省エネルギーセンター）をはじめ多くの専門家にメンバーとしてご参画いただき、研究成果に関するご議論をいただいている。ここに改めて深く謝意を表します。そして、本書の執筆を強くご推薦いただいた日本交通政策研究会代表理事の原田昇先生（中央大学教授・東京大学名誉教授）にも深く謝意を表します。ただし、本書に収められた内容に関する責任は執筆者に帰属するものである。本書が運輸部門の気候変動対策を検討するうえで重要な示唆を与え、今後の対策推進に貴重な知見を与えるものであることを期待したい。

2021 年 1 月

執筆者一同

目　次

第1章　運輸部門のゼロエミッション化とパリ協定

1.1　パリ協定と2℃目標

2013年に公表された「気候変動に関する政府間パネル（IPCC）」第5次評価報告書第1作業部会報告書（自然科学的根拠）[1)]によれば、2081～2100年の世界平均気温の1986～2005年平均に対する上昇量は、温暖化対策なしのシナリオ（RCP8.5）の場合、＋2.6～＋4.8℃、温暖化対策を最大に行ったシナリオ（RCP2.6）の場合、＋0.3～＋1.7℃と予測されている。また、同期間平均の世界平均海面水位の上昇は、RCP8.5シナリオの場合0.45～0.82 m、RCP2.6シナリオの場合0.26～0.55 mと予測されている。さらに、報告書は2011年までに1,890 $GtCO_2$のCO_2がすでに排出されているとし、人為的なCO_2排出のみによる温暖化を、50％を超える確率で1861～1880年の平均から2℃未満（2℃目標）に抑えるには、同期間以降のすべての人為的発生源からの累積CO_2排出量を0～約4,440 $GtCO_2$（CO_2以外の温室効果ガス等も考慮した場合、約3,010 $GtCO_2$）に制限する必要があるだろう、としている。

一方、京都議定書の第一約束期間（2008～2012年）、すなわち温室効果ガス排出量削減の目標年以降の気候変動に関する国際的枠組みの構築が遅れていたが、2015年末に「第21回気候変動枠組条約締約国会議（COP21）」が開催され、ようやく「パリ協定（Paris Agreement）」の合意に至っている。パリ協定は、すべての国が参加する気候変動に関する2020年以降の新たな国際的枠組みである。表1.1にパリ協定の主な要素を示す[2)]。世界共通の長期目標として2℃目標、1.5℃努力目標が設定されたほか、主要排出国を含むすべての国がCO_2等の温室効果ガス排出量の削減目標を5年ごとに提出・更新する、すなわち、各国の目標はそれぞれの国が自主的に定め（NDC：Nationally Determined Contributions）、すべての国が共通かつ柔軟な方法で

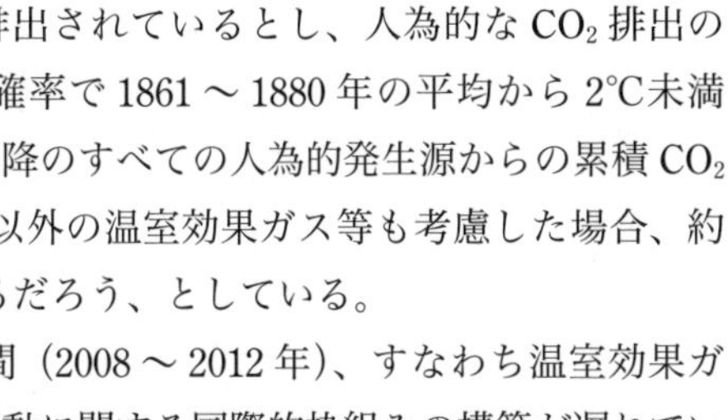

写真1.1　2015年のCOP21の様子

実施状況を報告し、レビューを受ける、プレッジ・アンド・レビューというシステムが採用された。また、各国のNDCを集計し、上記2℃目標を達成するのに十分な削減量となっているかどうかを検証するプロセス、グローバル・ストックテイクも導入されている。

表1.2は各国の目標を示す自国が決定する貢献（NDC）の例を示している[3]。それぞれの国が自主的に定めることから、削減目標や基準年もばらつきがあることがわかる。また、一部の国は国際的支援等の条件の有無別にNDCを報告している。2013年のCOP19では、各国がCOP21に十分先立って2020年以降のNDCを提出することとなっており、2018年時点ではほとんどの国が提出済みである。

表1.1　パリ協定の主な要素[2]

① 世界共通の長期目標として2℃目標の設定。1.5℃に抑える努力を追求することに言及。
② 主要排出国を含むすべての国が削減目標を5年ごとに提出・更新。
③ 日本提案の二国間クレジット制度（JCM）も含めた市場メカニズムの活用を位置付け。
④ 適応の長期目標の設定、各国の適応計画プロセスや行動の実施、適応報告書の提出と定期的更新。
⑤ 先進国が資金の提供を継続するだけでなく、途上国も自主的に資金を提供。
⑥ すべての国が共通かつ柔軟な方法で実施状況を報告し、レビューを受けること。
⑦ 5年ごとに世界全体の実施状況を確認する仕組み（グローバル・ストックテイク）。

表1.2　自国が決定する貢献（NDC）の例[3]

国　名	INDCにおける目標削減量	基準年
中　国	2030年までにGDP当たりCO_2排出量−60〜−65％。2030年前後をCO_2排出量のピークとし、それ以前にピークを迎えるように最大限取り組む。	2005年
米　国	2025年にGHG排出量−26〜−28%。28%削減するように最大限取り組む。	2005年
EU	2030年までに少なくともGHG排出量−40%。	1990年
インド	2030年までにGDP当たり排出量−33〜−35%。	2005年
ロシア	森林吸収量を最大限考慮する条件付きで2030年までにGHG排出量−25〜−30%。	1990年
日　本	2030年度までにGHG排出量−26.0%（2005年度比−25.4%）。	2013年
カナダ	2030年までにGHG排出量−30%。	2005年
ブラジル	2025年にGHG排出量−37%（2030年に−43%）。	2005年
インドネシア	2030年までにGHG排出量−29%、条件付きで−41%。	BAU
メキシコ	2030年にGHG排出量と黒色炭素排出量−25%（GHG排出量−22%）、条件付きで−40%（GHG排出量−36%）	BAU

注）GHG：Greenhouse Gas〜温室効果ガス

国連環境計画（UNEP）では、各国のNDCを基にそれらの総計効果に関する報告書をまとめている[4]。これによれば、NDCがある場合とない場合（現行政策）とを比べると、前者の場合、2030年に条件無の場合約4 $GtCO_2$、（CO_2 換算値、Gt＝10億t）条件有の場合約6 $GtCO_2$ の温室効果ガス排出量の削減が見込めるとしている。しかし、これは2℃目標を最小コストで達成するシナリオで想定されている2030年の排出量約41 $GtCO_2$ を条件無の場合約15 $GtCO_2$、条件有の場合約12～13 $GtCO_2$ 超過している。したがって、2℃目標を達成するためには、各国は5年ごとのNDC更新において、COP21までに提出された内容を上回る削減を図っていくことが必要とされている。

1.2　温室効果ガス排出量と運輸部門の位置づけ

運輸部門は、エネルギー部門等と並んで温室効果ガス、特に CO_2 の主要な排出部門となっている。表1.3は、2013年の運輸部門における燃料燃焼による CO_2 排出量を世界全体で概観したものである。世界全体で運輸部門の CO_2 排出量は7.4 $GtCO_2$ であり、OECD諸国と非OECD諸国との間の排出量の差は年々縮まってきている。

しかし、人口は後者が前者の約5倍であるため人口1人当たりの排出量も約5倍となっている。日本の1人当たりの排出量は、世界全体平均の約1.6倍であり、2030年に向けてさらなる削減が要求されるレベルにある。2℃目標を最小コストで達成するシナリオで想定されている2030年の排出量41 $GtCO_2$ との関係はどうであろうか。概算ではあるが、仮に温室効果ガス排出量に占める燃料燃焼による CO_2 排出量の割合が一定（2017年基準で約72％[5]）、全部門からの CO_2 排出量に占める運輸部門からの CO_2 排出量の割合が一定（2018年基準

表1.3　2013年の運輸部門における燃料燃焼による CO_2 排出量（世界全体）

2013年	人口 （百万人） ：A	$kgCO_2$ / 人 （運輸部門） ：B	$GtCO_2$ ：A×B
OECD	1261.0	2683	3.383
non-OECD	5856.7	496	2.905
世界合計	7117.7	1038	7.388
米　国	316.5	5374	1.701
中　国	1360.0	554	0.753
日　本	127.3	1677	0.213

注）世界合計（BおよびA×B）は国際バンカー油を含む。

で約24%[6]）とし、2030年の世界人口を85億人[7]と仮定すると、人口1人当たりの排出量は約710 kgCO_2となる。これは2018年の日本の人口1人当たりの排出量の約43%である。また、2030年は21世紀後半におけるゼロエミッション目標への通過点に過ぎない点も留意しなければならない。

さて、日本は、2015年7月にNDCを提出しており、2030年度に2013年度比−26.0%（2005年度比−25.4%）という目標を設定している。日本のNDCにおけるエネルギー起源CO_2排出量の部門別目安を表1.4に示す。運輸部門は2030年度に2013年度比−27.6%となっており、全体平均の−26.0%をわずかに上回る削減率が見込まれている。日本の人口は2013年から2030年にかけて約7%減少すると予測されている[8]が、これを考慮に含めても約23%の削減が必要となっている。

ところで、2030年度の日本の運輸部門におけるエネルギー起源CO_2排出量が2013年度比−27.6%と設定し得る背景のひとつとして、非OECD諸国（1990年時）の乗用車利用レベルがOECD諸国（同）の利用レベルに追いつくまでにはまだ相当時間がかかるという予測結果がある。IPCC[9]によれば、2050年の非OECD諸国における乗用車利用レベルはOECD諸国の利用レベルの約50%かそれ以下と予測されている（図1.1）。

図1.2は、同じような背景を自動車保有の側面からみたものである[7),10)]。2017年の世界平均の自動車保有率は、1,000人当たり188台であるが、OECD諸国（1990年時）と非OECD諸国（同）を比較すると、前者は約663台、後者は約111台であり、6倍ほどの差がある。OECD諸国（1990年時）は人口では世界の約14%を占めるにすぎないが、自動車保有台数では約49%を占めている。仮に非OECD諸国の人口がOECD諸国の2017年と同等の自動車保

表1.4　日本のNDCにおけるエネルギー起源CO_2排出量の部門別目安

	2030年度の各部門の排出量の目安	2013年度（2005年度）
エネルギー起源CO_2	927	1,235（1,219）
産業部門	401	429（457）
業務その他部門	168	279（239）
家庭部門	122	201（180）
運輸部門	163	225（240）
エネルギー転換部門	73	101（104）

（単位：百万t-CO_2）

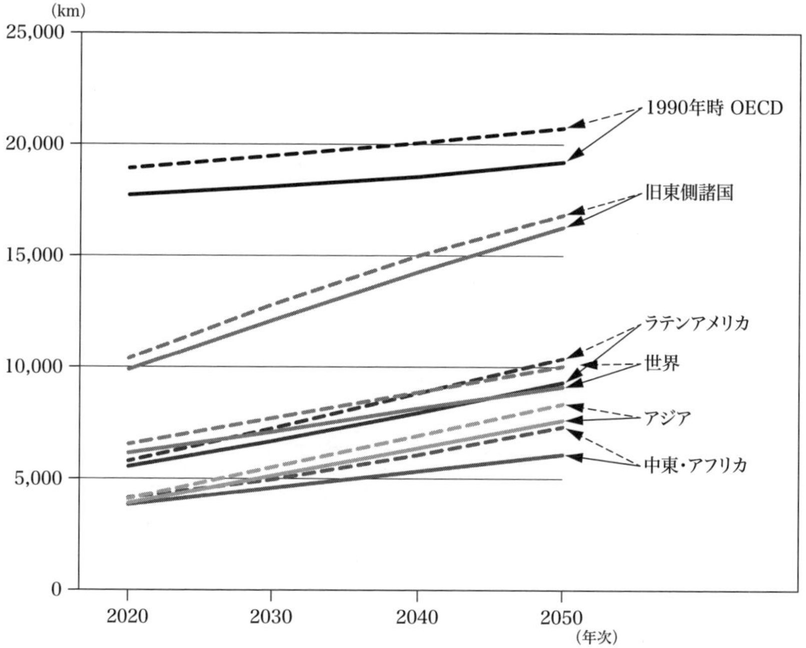

図 1.1 2050 年までの 1 人当たり年間乗用車人 km の地域別予測[9)]
点線は上位予測、実線は下位予測、2100 年の CO_2 濃度上位・下位予測に対応した統合モデルによる。
(出所：IPCC Climate Change 2014：Mitigation of Climate Change, 2014)

有率を達成しようとすると、約 35 億台の自動車が必要となり、これを現在の世界の年間自動車生産台数で割ると約 36 年必要となる。その間には買替となる自動車台数も存在することから、さらに多くの時間を必要とすることになろう。年間自動車生産台数、自動車保有率、あるいは自動車の利用レベルは今後も変化することが予想される。しかし、今後の自動車利用の増加は主に開発途上国で見込まれるものの、2050 年の時点で自動車利用の多くは依然として OECD 諸国（1990 年時）が占める可能性が高い。

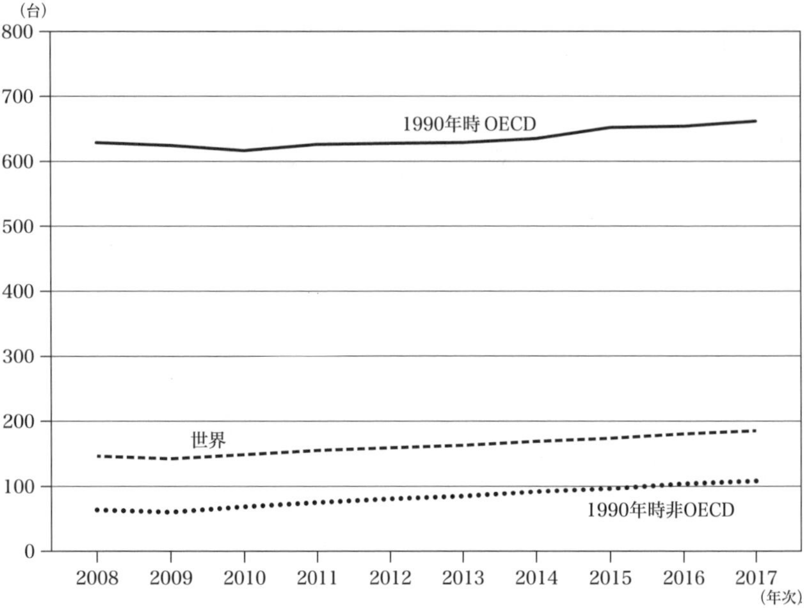

図1.2　2008～2017年の1,000人当たりの自動車保有台数

1.3　運輸部門のゼロエミッション化の動向

OECD諸国の中には、運輸部門のゼロエミッション化に向けて積極的な政策を発表している国もある。2017年7月6日にフランス政府がガソリン乗用車やディーゼル乗用車の販売を2040年までに中止することを発表した後、英国政府や中国政府等が類似した発表を行い、運輸部門のゼロエミッション化に向けて、明確な政策方針を打ち出してきている。以下では、フランスとノルウェーの動向をレビューする。

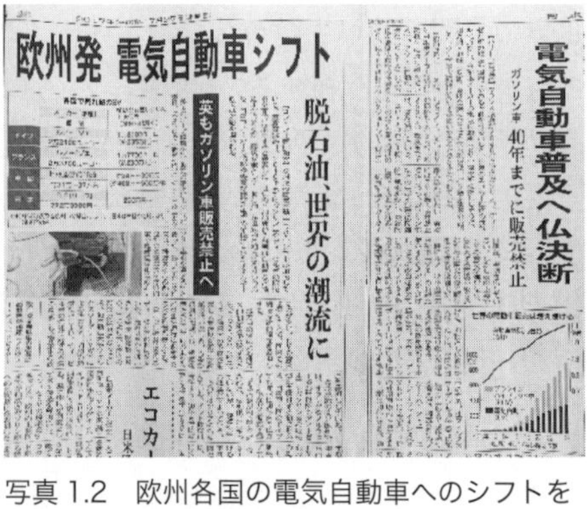

写真1.2　欧州各国の電気自動車へのシフトを報じる記事

(1) フランスの気候計画（Climate Plan）

フランスは、2017年7月6日に先述の「ガソリン乗用車やディーゼル乗用車の販売を2040年までに中止する」ことを含む気候計画を発表している[11]。気候計画の概要を表1.5に示す。

表1.5　フランスの気候計画の概要（2017年7月）[11]

① 連帯・エコロジー転換大臣（the Minister for the Ecological and Inclusive Transition）は、政府の気候計画を提示した。この計画は、大統領と首相の要請により作成され、5年間の期間を通じて、エネルギーと気候転換のペースとパリ協定の実施のスピードを上げるため、すべての政府部門に高度化を要請するものである。

② パリ協定を後戻りできないようにする。

③ すべてのフランス市民の日常生活を改善する。

- 誰にでもアクセス可能なクリーンなモビリティを開発する：「プライム・アラ・トランジション」と呼ばれる財政補償を導入し、「Crit'Air」（大気質証明書）基準を満たしていない車両とよりクリーンな車両との交換を促す。
- 10年間で燃料貧困を撲滅する：10年以内に断熱が不十分でエネルギーを枯渇させる建物を過去のものとするため、政府はエネルギー料金の支払いに苦労しているテナントや所有者に支援を提供する。
- エネルギー使用をより責任あるものにする：再生可能なエネルギー源（バイオガス、太陽エネルギーなど）を生産して使用しようとする住宅地への支援を行う。
- 循環経済をエネルギー転換の中心的特長とする：(省略)

④ 化石燃料から脱却し、カーボンニュートラルな手法に取り組む。

- 炭素を排出しない電力を生成する：炭素ベースの発電終了に関連して、地域にソリューション指導が提供される。対策は、嫌気性消化と共に、海洋および地熱エネルギー源の開発の簡易化を目指す。
- 土壌に化石燃料を残す：炭化水素探査計画は禁止され、2040年までにフランスは石油、ガス、石炭を生産しないようにする。
- 汚染に関して公平な価格をつけるために炭素価格を上げる：ディーゼルとガソリンの間の課税を調整し、炭素価格を上げる。低所得世帯には、「エネルギーバウチャー」の形で援助が与えられる。
- 2050年までにカーボンニュートラルを達成する：政府は人為的な排出と生態系が炭素を吸収する能力のバランスを追求する。温室効果ガスの排出をニュートラルにすることは野心的な目標である。世界的に見て、フランス、スウェーデン、コスタリカのみがこれを満たすことを課している。
- ガソリン乗用車やディーゼル乗用車の販売を2040年までに中止することで、自動車メーカーに革新を起こさせ、この市場をリードすることを促す。
- フランスをグリーンエコノミーのリーダーにする。
- 気候変動との戦いの中でエコシステムと農業の潜在力を開発する。
- 気候に関する国際的なアクションをスケールアップする。

計画のタイトルから明らかなように、気候計画は運輸部門のみならず温室効果ガス排出に関わる主要な部門の政策文書となっている。たとえば、「10年以内に断熱が不十分でエネルギーを枯渇させる建物を過去のものとする」は建物部門、「炭素ベースの発電終了」、「2040年までにフランスは石油、ガス、石炭を生産しないようにする」はエネルギー供給部門に関する計画である。総じて、フランスの気候計画は、パリ協定をリードするための主要部門のゼロエミッション化計画と捉えることができる。しかし、政策手段の細部までは含まれておらず、今後、具体的にどのようにゼロエミッション化を進めていくか、注視していく必要がある。

(2) ノルウェーの電気自動車促進策

電気自動車（EV）促進策を積極的に展開し、運輸部門のゼロエミッション化に最も近づいている国のひとつとしてノルウェーがある[12)]。ノルウェーは、人口527万人、面積38.5万 km^2、1人当たり国民総所得が世界トップクラスにある国である。燃料燃焼による CO_2 排出量（2015年）は36.7 Mtであり、1990年以来＋34％となっている。部門別 CO_2 排出量に関しては、運輸38.9％、その他のエネルギー産業33.4％、製造および建設15.2％、商業およびその他のサービス6.0％、熱および発電5.6％、住宅0.8％であり、1人当たりの CO_2 排出量（2015年）は7.1 tCO_2 である。

近年、ノルウェーの運輸部門におけるエネルギー使用は他のどの分野よりも急速に増加している。この部門のエネルギー消費量の93％は石油で、ディーゼルは主に道路交通と内航海運に使用される最も消費される石油ベースの燃料である。道路交通は、運輸部門エネルギー需要全体の4分の3を占め、内航海運と国内航空がこれに続く。国内航空は、最近10年間で60％増加した。ノルウェーではEVがブームだが、電力は鉄道を中心に全エネルギー消費の1.5％を占める程度である。もっとも、EVおよびその他の低排出ガス車の普及促進のための CO_2 ベースの自動車課税、およびバイオ燃料混合規制（2015年5.5％）を導入することで、

写真1.3　ノルウェーのEV（電気自動車）

CO_2 排出量はさらに削減されている。

表 1.6 は、電気自動車促進策等を中心にノルウェーの主要な運輸政策を示したものである。電気自動車促進策としては、免税のほか、駐車場、有料道路、充電の無料化にも及んでおり、また、充電インフラストラクチャーの整備も強力に推進していることがわかる（図 1.3）。結果として、ノルウェーでは、新車の 29％以上を EV が占める状況に至っており、人口約 500 万人にもかかわらず、世界 5 位の EV 保有台数を誇っている（図 1.4）。また、電化政策は、乗用車のみならずバスや船舶でも進められている。

当然ながら、ノルウェーが EV や他の交通機関の電化を図る背景には、再生

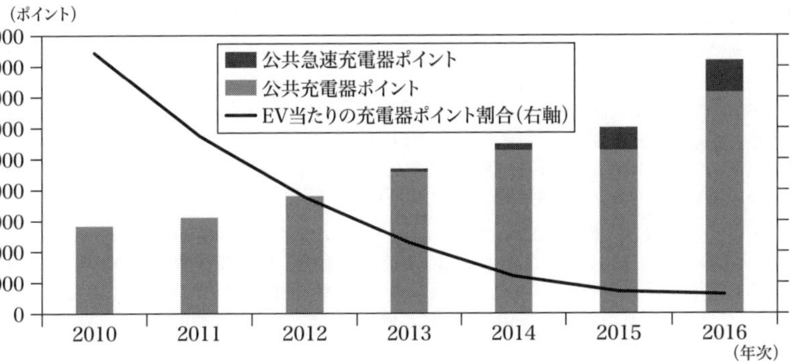

図 1.3　公的に利用可能な電気自動車充電ポイント（2010 ～ 2016 年）[12]
（出所：IEA、Energy Policies of IEA Countries Norway 2017 Review、2017）

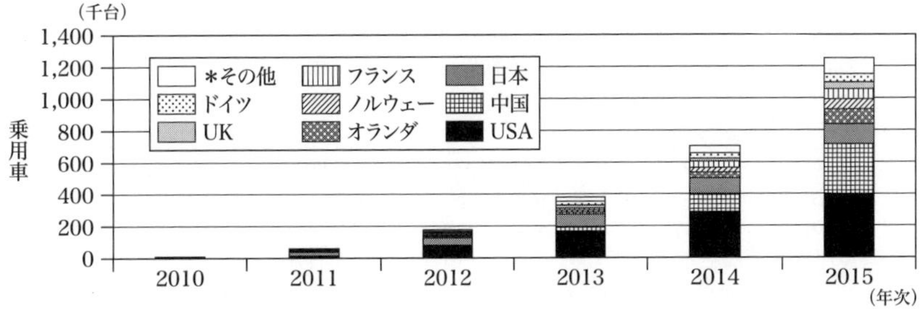

＊その他には2,000台以上のEVを保有するカナダ、スウェーデン、イタリア、インド、スペイン、韓国、ポルトガル、およびさらに小さな割合を占める25か国を含む。
注：バッテリー電気自動車（BEV）とプラグインハイブリッド電気自動車（PHEV）を含む。

図 1.4　世界の国別 EV 保有台数（2010 ～ 2015 年）[12]
（出所：IEA、Energy Policies of IEA Countries Norway 2017 Review、2017）

表1.6　ノルウェーにおける電気自動車促進策等[11)]

①　ノルウェーでは、乗用車が旅客交通の支配的手段となっている。1990年から2014年まで、乗用車の交通量は46%増加し、旅客鉄道の利用は62%増加したが、バス利用は3%減少した。同じ期間に、ノルウェーの人口は22%増加した。2014年のノルウェーの乗用車台数は1990年よりも94万台増加し、58%の増加となった。乗用車の保有率は1990年の人口1,000人当たり380から2014年に495に達し、EU28の平均491に相当している。

②　鉄道は12.6%、パイプラインは8.5%であったのに対し、道路は2014年に本土貨物トンキロ全体の78.9%を占めた。

③　運輸部門からのCO_2排出量を削減するために、代替燃料の使用に移行するための措置が実施されている。政府は電力に加えて持続可能なバイオ燃料が重要な役割を果たすと見ている。ノルウェーは、新車からのCO_2排出量を2020年までに平均85 gCO_2 / kmに制限するという野心的な全国目標を持っている。その結果、2001年から2016年にかけて新型乗用車の平均排出量は180 gCO_2 / km以上から93 gCO_2 / km未満に減少した。

④　化石燃料車は、CO_2排出量に関連させた購入税およびガソリン、ディーゼル、およびLPGに対するCO_2税と道路使用税によって、かなり大きく課税される。購入税には、重量、CO_2排出量、窒素酸化物排出量という3つの要素がある。重量およびCO_2排出量要素は累進的である。CO_2排出量要素は、排出量の少ない車を購入することに魅力を与えている。CO_2排出量が非常に少ない車は、重量要素に課される税金に関しても減税の恩恵を受ける。一般に、排出量の少ない車はエネルギー（燃料）効率の良い車でもある。

⑤　政府はまた、EVの免税を認めている。2016年にEVは購入（登録）税と付加価値税（VAT）（従来車の25%）から免除された。EVは、従来車と比較して、年間自動車税の減税と社用EVの私的使用に関する50%減税の恩恵を受ける。EVは道路使用税の対象にもならない。さらに、EVは、無料駐車場、有料道路無料化、無料充電などの広範な利用者便益を得ているが、これらの点は最近縮小された。

⑥　ノルウェーの主要都市地域における交通政策は、公共交通、自転車、徒歩などによって旅客交通の成長を吸収する方向に向かっている。これは、車からエネルギー消費や汚染の少ない交通へのモーダルシフトを意味する。都市政策に関するより包括的なアプローチを通じて、これをフォローアップするための都市環境協定が制定されている。政府はまた、公共交通、徒歩、自転車を促進するための対策に都市が投資するのに相当な資金援助を行っている。

⑦　政府はまた、都市地域外の公共交通の環境への影響を緩和するための対策を講じている。たとえば、新しい国有フェリーは、低炭素排出、または脱炭素技術を使用する必要がある。さらに、政府は、道路と航空交通の代わりにエネルギー効率の良い低CO_2の鉄道ネットワークへの投資を優先している。

⑧　改善されたストレージ容量とコスト削減を含むバッテリー技術の進歩と強力な政策支援メカニズムにより、近年のEVは急速な成長を遂げている。世界のEV台数は2010年の1.25万台から2015年には126万台と百倍に成長し、2016年には200万台を上回っている。米国には2015年に40万台以上のEVがあり、続いて中国は1年でEV台数を3倍の30万台以上にした。ノルウェーは5番目に大きいEV台数を保有しており、EV台数 / 人では最大シェアを誇る。

⑨　ノルウェーは、2011年の5,400台から2016年の13万5,500台、5年間で25倍のEVを導入した。ノルウェーで2016年に販売された全新車のうちEVが29%を占めており、世界で傑出したレベルにある。純粋なバッテリー電気自動車（BEV）は、2016年にノルウェーの全EV

台数の 75%を占めた。これは、プラグインハイブリッド車（PHEV。PHV と同義）がより一般的となっている大規模な EV 台数を誇る他のいくつかの国、たとえば、オランダやスウェーデンとは異なっている。しかし、最近、ノルウェーでも PHEV シェアが増加しており、2016 年 PHEV は新しい EV 登録の 40%以上を占めている。

⑩　充電インフラストラクチャーへのアクセスは、EV 展開の課題である。ほとんどの EV 充電は自宅で一晩行われるが、より長い走行のために EV ドライバーは公的に利用可能な充電ステーションで車を充電できる必要がある。ノルウェーの公的に利用可能な充電ポイント数は、2011 年の約 3,000 から 2016 年には 8,000 に増加している。充電ポイントの数は、同じ期間の EV 台数の増加よりはるかに低く、EV 当たりの利用可能な公的充電器の割合は大幅に低下している。代替燃料インフラストラクチャーに関する EU 指令は、EV10 台当たり 1 つの充電ポイントを推奨している。2016 年のノルウェーのシェアは、EV10 台当たり 0.6 であった。

⑪　（1990 年以来）過去数十年にわたり、ノルウェーは財政的、および非財政的インセンティブの両方を含む総合的な EV 支援システムを採用してきた。支援システムは、PHEV よりも BEV を促進しており、ノルウェーにおける BEV の優位性を説明している。VAT の免除は PHEV ではなく BEV にのみ有効であり、PHEV では購入税の割引がより少ない。

⑫　インフラ整備を促進するために、ほとんどの充電ステーションはノルウェー政府、または地方自治体の支援を受けている。政府は、2017 年までに、ノルウェーのすべての主要道路の 50 km ごとに少なくとも 2 つの急速充電ステーションを整備するための資金提供プログラムを開始している。オスロと他の都市には、共有アパートの充電ステーションの助成制度がある。

⑬　EV に対する強力な支援政策は、市場の急速な成長の点で有効であった。EV は必ずしも内燃機関車を直接置き換えるものではなく、しばしば追加の車として購入されている。しかし、EV は通常、所有者のほとんどの交通ニーズに対して使用される車となり、ICE 車は主に長距離交通に使用されている。

⑭　強い財政政策措置の費用は、2014 年に CO_2 排出削減のコスト削減の観点から、運輸経済研究所により推定されている。この研究では、支援政策は初期の段階では社会にとって高価であるが、コストは長期的には CO_2 1 トン当たり 400～2,500 ノルウェークローネ（2015 年の為替レートで 50～310US ドル）と結論付けている。

⑮　市内バスの電化は、地域の大気汚染と騒音レベルの低下による環境上の便益がある。ノルウェー初の電気バス路線が 2015 年にスタヴァンゲルに導入され、2017 年にはオスロとドラメンのバス路線が電化される予定である。オスロ市は、2020 年に化石燃料を使用しない公共交通の目標を定めており、電気バスをより魅力的にすることとなる。

⑯　E-モビリティは、道路交通以外の分野でも導入されている。海洋セクターはノルウェーでは比較的大きく、すべての新しい国有フェリーは、低排出、またはゼロ排出の技術を使用する必要がある。2015 年には世界初の電気旅客船がソニェ（Sogne）フィヨルドの E39 ルートに導入され、さらに 2 艘が発注されている。

⑰　ノルウェーでは、いくつかの民間レンタカーやカーシェアサービスが EV レンタルを提供している。1 つの例は、オスロ地域で 70 台の EV 車両を運行している Move About であり、デジタル予約システムを使用して 1 時間単位でレンタルすることができる。加入者は、1 時間ごとの料金の EV レンタル、または月額料金と 25%割引のメンバーシップを選択することができる。

可能ゼロエミッションエネルギーである水力発電大国であることがある。ノルウェーでは一次エネルギー供給量の約50%を水力発電中心のゼロエミッション電力で賄っており、また、発電量の約90%が水力発電となっている。すなわち、通常のガソリン車やディーゼル車からEVへのシフトはほぼ100%のCO_2排出量の削減となる。もっとも、現在のノルウェーでも自動車を中心とした運輸部門は93%を石油に依存しており、電気自動車促進策を強力に進めているとはいえ、運輸部門のゼロエミッション化にはまだ相当な時間がかかると考えられる。

1.4　日本の運輸部門における温室効果ガス削減施策

日本の具体的な運輸部門における温室効果ガス削減施策としては、どのような内容があるだろうか。表1.7は日本のNDC策定に際して、運輸部門の温室効果ガス削減目標積み上げの基礎となった施策をリストアップしたものである。

内容は京都議定書に対する目標達成計画[13]と類似したものとなっている。また、表1.7の施策の多くは環境的に持続可能な交通（EST：Environmentally Sustainable Transport）を目標とする施策[14]と重なるものである。ESTの主要な目標のひとつが運輸部門からのCO_2排出量の削減であることから、これは当然であるが、他の主要な目標であるNOx、揮発性有機化合物、粒子状物質の排出などに関連した大気質の改善、騒音の削減、土地利用と周辺環境との調和に関しても多くの施策が有効と考えられる。

表1.7では、運輸部門のCO_2排出量の85%以上を自動車が占めていることから、燃費改善と次世代自動車の普及が中心的施策となっている。また、最近の運輸部門の動向を反映して、自動運転の推進やカーシェアリングが施策に含まれている。カーシェアリングは、シェアリングエコノミー進展の下、新しい総合交通サービス体系（MaaS：Mobility as a Service）の一部として組み込まれる可能性がある[16]。MaaSは、利用者に対して経済的な側面のみならず環境的な側面等に関する情報を提供し、かつ利用者行動をモニタリングしてより優れた交通サービス体系の構築・更新を行うことが期待されている。このようなサービスは新たな交通需要を誘発する面もあるが、新技術のスピーディな導入や車両や交通インフラストラクチャーの効率的な利用を介して温室効果ガス削減やESTの目標に適った交通サービスを提供する可能性が高いと考えられる。

表 1.7　温室効果ガス削減目標積み上げの基礎となった施策（運輸部門）[15)]

① 燃費改善

② 次世代自動車の普及

③ その他運輸部門対策（交通流対策の推進、公共交通機関の利用促進、鉄道貨物輸送へのモーダルシフト、海運グリーン化総合対策、港湾の最適な選択による貨物の陸上輸送距離の削減、港湾における総合的な低炭素化、トラック輸送の効率化、鉄道のエネルギー消費効率の向上、航空のエネルギー消費効率の向上、省エネに資する船舶の普及促進、環境に配慮した自動車使用等の促進による自動車運送事業等のグリーン化、共同輸配送の推進、高度道路交通システム（ITS）の推進（信号機の集中制御化等）、交通安全施設の整備（信号機の高度化、信号灯器の LED 化の推進）、自動運転の推進、エコドライブの推進、カーシェアリング）

④ 地球温暖化対策に関する構造改革特区制度の活用

⑤ 温暖化対策ロードマップ等による各省連携施策の計画的な推進

自動運転の推進も運輸部門の CO_2 排出量削減に大いに寄与することが期待されている施策である。エネルギー供給システムをはじめ、道路交通容量に影響するパフォーマンスの特性、必要とされる交通インフラストラクチャーの維持管理レベル等、自動運転の推進に関わる未知の部分も非常に多い。しかしながら、人口減少と高齢化が進む日本において、環境的側面のみならず、経済的側面や社会的側面（健康を含む）における持続可能性や、安全・安心、防災（地震や火山の噴火等の自然災害、極端な天候による災害等を含む）の点で優れた交通サービス体系を構築してゆくことが必要であり、自動運転の推進はどの側面に対しても非常に大きな影響を与えると考えられる。

1.5　運輸部門のゼロエミッション化の課題

写真 1.4　フランスのカーシェアリング用の電気自動車

本章では、2015 年末に合意されたパリ協定の内容を簡単にレビューし、日本をはじめ気候変動枠組条約締約国の運輸部門に課された目標とその背景について考察した。また、運輸部門のゼロエミッション化に向けて積極的な政策を発表している国の例として、フランスとノルウェーの動向をレビューした。いずれもゼロエミッション電力供給をほぼ達成した国であり、EV推進など類似した政策を採用する英国、ドイツでもすでにゼロエミッション電力供給が化石燃料電力供給を上回っている[17)]。さらに、日本の運輸部門の温室効果ガス削減施策について検討し、最近の動向であるカーシェアリングと自動運転の推進との関係についても言及した。運輸部門は、21世紀を通じてドラスティックに変化する可能性が高い部門のひとつであり、変化がゼロエミッション化にも大いに貢献するように、戦略的に施策推進を図る必要がある。その中心は、運輸部門内におけるエネルギー消費効率の向上とともに、エネルギー供給部門と運輸部門の連携によるゼロエミッション化の推進となろう。

【参考文献】

1）環境省、IPCC第5次評価報告書の概要－第1作業部会（自然科学的根拠）、2014
2）環境省、COP21の成果と今後、2016
3）UNFCCC, https://www4.unfccc.int/sites/NDCStaging/pages/All.aspx（accessed 2018 November 22）
4）UNEP, The Emissions Gap Report 2019, United Nations Environment Programme, 2019
5）Olivier J. G. J. and Peters J. A. H. W., Trends in global CO_2 and total greenhouse gas emissions：2019 report, PBL Netherlands Environmental Assessment Agency, 2020
6）IEA, Emissions from Fuel Combustion：2019 Edition, 2019
7）UN, World Population Prospects 2019, 2019
8）国立社会保障・人口問題研究所、日本の将来推計人口（平成29年推計）、2017
9）IPCC, Climate Change 2014：Mitigation of Climate Change. Contribution of Working Group III to the Fifth Assessment Report of IPCC, 2014
10）日本自動車工業会、世界自動車統計年報第9～18集、2010～2019
11）French Government, France's Climate Plan, 2017
12）IEA, Energy Policies of IEA Countries Norway 2017 Review, 2017
13）環境省、京都議定書目標達成計画、2008
14）交通工学研究会EST普及研究グループ、地球温暖化防止に向けた都市交通、交通工学研究会、2009
15）地球温暖化対策推進本部、日本の約束草案（案）、2015
16）The Transport Systems Catapult, Mobility as a Service, 2016
17）IEA, https://www.iea.org/data-and-statistics?country=WORLD&fuel=Energy%20supply&indicator=Total%20primary%20energy%20supply%20（TPES）%20by%20source,（accessed 2020 March 23）
18）室町泰徳、気候変動問題からみたESTへの期待、環境情報科学、Vol.45、No.4、pp.41-45、2017

第２章　気候変動の影響と運輸部門における適応策

地球温暖化による気候変動対策には緩和策と適応策が存在し、両者を組みあわせて実施することが効率的な地球温暖化対策となると考えられている。本章では、運輸部門における適応策分野に焦点をあて、その概観を示すこととしたい。

IPCC[1)]によれば、「緩和策（Mitigation）」とは、「温室効果ガスの発生源（Sources）を削減する、あるいは吸収源（Sinks）を増進する人類の介入」と定義されており、たとえばエネルギーの効率的利用、省エネ、CO_2の回収・蓄積などの対策が実際に実施されたり、検討されたりしている。一方、「適応策（Adaptation）」とは、「現実の、あるいは予測される気候とその影響に対して調整する過程」と定義されており、具体例としては、沿岸防護のための堤防や防波堤の構築などが挙げられる。現状では、対策の中心は緩和策であると考えられるが、相当な緩和策を実施したとしても、将来的にある程度の気候変動は避けられないことから、何らかの適応策を実施する必要が生じるという議論がある。一方、将来の気候変動の影響は、適応策のみでは十分に防ぐことができない可能性があり、緩和策の重要性を強調する議論もある。

適応策に関する議論の中で、最近では「レジリエンス（Resilience）」という言葉が頻繁に用いられている。レジリエンスの定義は多様であるが[2)]、IPCC[1)]によれば、「社会、経済、環境システムが危険な事象、傾向、外乱に対処する能力であり、システムの適応する能力を維持するとともに、その本質的な機能、独自性、構造を維持する方法で対応する、あるいは再編成する能力」とされている。レジリエンスという言葉は、気候変動対策のみならず、非常に多くの分野において用いられており、運輸部門においても地震、津波などの自然災害対策のあり方を検討するうえで重要な概念となっている。気候変動の影響も（人為的にもたらされる）自然災害である可能性が高いため、レジリエンスの向上が求められることとなる。また、「レジリエンス」とは反対の言葉として「脆弱性（Vulnerability）」（IPCC[1)]によれば「システムが気候の変化や極端な気候を含む気候変動の悪影響を受けやすい、あるいは悪影響に対処できない程度」と定義される）がある。

2.1　緩和策と適応策の関係

Koetse ら[3]は、運輸分野における適応策について整理し、緩和策と適応策との関係に関しても触れている。図 2.1 は、特定の温室効果ガス（GHG：Greenhouse Gas）レベルに対する適応策レベルと費用との関係を表したものである。縦軸に費用をとった場合、特定の GHG レベルに対して、適応策を実施するのに必要となる費用と残存損害の和が最小となるレベル（図中の A、B）まで適応策を実施することが望ましい。

また、図 2.2 は GHG レベルと限界費用との関係を表したものである。縦軸は限界費用、横軸は GHG レベルとなっている。緩和策は、GHG レベルを低くとれば限界費用が高くなり、GHG レベルを高くとれば限界費用が低くなる、すなわち右肩下がりの曲線となる。最適な「適応策費用＋残存損害」は、特定の GHG レベルに基づいて作成された図 2.1 をさまざまな GHG レベルに拡張したものである。GHG レベルを高くとれば限界費用が高くなり、GHG レベルを低くとれば限界費用が低くなる右肩上がりの曲線となる。最も効率的な地球温暖化による気候変動対策は、緩和策費用と最適な「適応策費用＋残存損害」の限界費用が一致する点（図中の E）で与えられる。すなわちこの GHG レベルに対して緩和策と適応策を組み合わせて実施することが最も効率的である。

さらに、Koetse ら[3]は、各施策の特徴に関しても整理している。緩和策はグローバルな側面を持ち、省エネ技術の模倣に代表されるようにフリーライダー問題が生じる可能性があるが、適応策はローカルに実施される側面があり、国

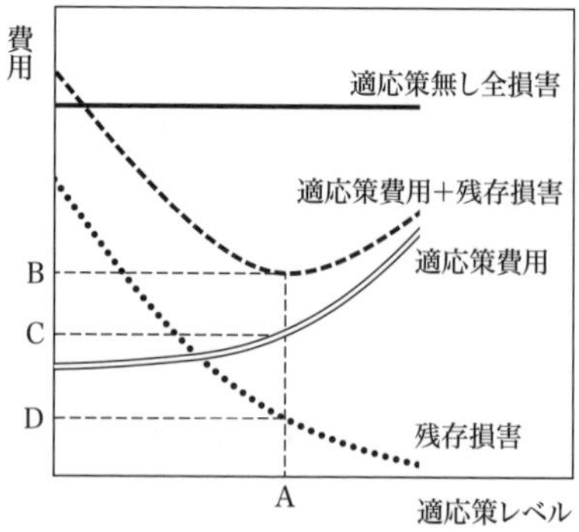

図 2.1　適応策レベルと費用（特定の GHG レベル）[3]

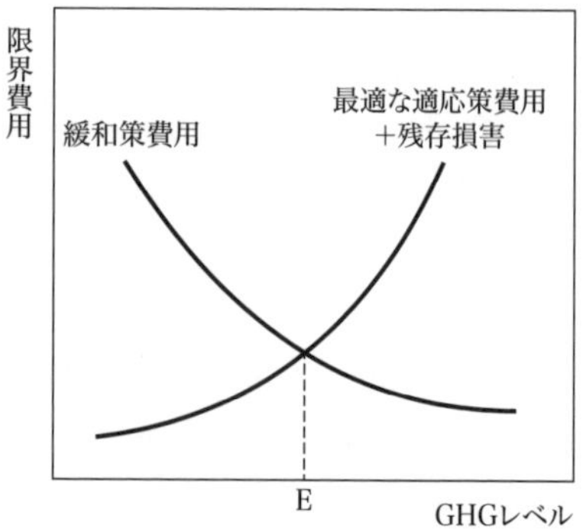

図 2.2　GHG レベルと限界費用[3]

や地域ごとに取り組まれる可能性が高い。また、適応策と緩和策を実施するうえでは、気候変動自体の不可逆性、および緩和策における技術開発や適応策におけるインフラ整備などの不可逆性という2つの不可逆性を考慮する必要がある。

そして、緩和策と適応策のいずれの実施も、地球温暖化による気候変動という不確実性の高い状況下のリスク問題であり、かつインフラ整備の場合、プロジェクトライフの後に気候変動問題が生じる可能性があるなど投資時期の選択に留意する必要がある。したがって、低費用のオプション、あるいはNo-regretオプション、すなわち他の共同便益（Co-benefit）存在し、たとえ気候変動がほとんど生じなかった場合でも有用な施策から実施に移すことも一案である。

2.2　海外における運輸部門の適応策

海外では、すでに運輸部門における適応策を進めている国も少なくない。米国では、米国交通学会（Transportation Research Board）が運輸部門に関わる潜在的気候変動、影響、適応策をまとめている[4)]。表2.1は、潜在的気候変動が陸上交通（幹線道路、鉄道、パイプライン）へ与える影響（運用と停止、インフラ）とその適応策（運用の変更、インフラデザインと材料の変更、その他）を抜粋したものである。潜在的気候変動については、温度に関係するものとして、とても暑い日と熱波の増加、とても寒い日の減少、北極の温度上昇、季節的な凍結の遅れと雪解けの早まり、海面上昇、さらに暴風による高潮、降水に関係するものとして、激しい降水現象の増加、一部の地域における干ばつの増加、季節的な降水と河川流量パターンの変化、暴風に関係するものとして、強いハリケーンの頻度増加（カテゴリー4−5）が項目として挙げられている。

具体的な適応策、たとえば強いハリケーンの頻度増加（カテゴリー4−5）に着目してみる。運用の変更では、道路状況のモニタリングと道路利用者へのリアルタイムメッセージの発信における改善、インフラデザインと材料の変更では、重要な避難ルートにおける交通ボトルネックの除去とよりリダンダント（冗長）なシステム構築、その他は、土手の強化とかさ上げや脆弱な沿岸部の将来開発の制限など、多様な施策が網羅的に掲げられている。また、とても寒い日の減少に着目してみると、影響として、雪、氷の除去費用や塩、化学物質の使用による環境影響に関する地域的変化（全般的に減少、一部の地域で増加)、維持管理労働者に対する寒さに関連した制限の減少など、適応策として、雪、氷の除去の減少、建設と維持管理時期の拡大などが指摘されており、潜在的気候変動のマイナス面だけではなく、プラス面に関しても考慮に含めるようにしている。

さらに、米国交通学会は、適応策を進めるうえでの勧告（表2.2）を出しており、その中には組織的な改変を促す内容が数多く含まれている。たとえば、州と地方政府と民間インフラ供給者による長期の資本改善計画、施設デザイン、維持管理計画、運用、緊急対応計画への気候変動の組み込み、連邦計画規制による公共セクターの長期交通計画の策定における要素としての気候変動の組み込み義務付けなどである。また、「それらの計画期間が20-30年に限定されるという認識を無くし、より統一だった交通－土地利用意思決定を奨励するため（以下、省略)」などの項目は、超長期におよぶ気候変動を、より短いサイクルで行われる計画策定において如何に組み込んでいくかに関して、十分な検討が必要であることを示唆している。

米国では、その後、2013年に大統領府が気候アクション計画[5]を発表しており、気候アクション計画の内容には、緩和策とともに適応策が含まれている。また、米国交通省は、2012年に交通気候変動適応計画を発表し、2014年に改訂している[6]。計画の中では、気候変動の潜在的な影響として、表2.3に示す内容を列挙し、交通省がこれまでに行ってきた施策のレビューと今後行ってゆくべき施策の内容を議論している。また、対象となる気候変動として、気温上昇、深刻な天候と降雨、海水面上昇、それらの複合影響、間接的な影響を挙げている。施策の内容は総花的であるが、交通機関ごとに網羅的に議論が展開されている。

英国交通省（UK Department for Transport）は、2014年に道路と鉄道を対象としたイングランドの全国ネットワーク関する政府政策声明書（NN NPS）[7]を発表し、その中で交通インフラ整備に適応策の視点を含めることを明記している。交通インフラが安全上重要であり、資産としての設計寿命が60年以上の場合には、英国気候予測2009（UKCP09）の高位排出シナリオを2080年予測の50%確率レベルに対して適用すべきであるとしている。NN NPSに先立ち、英国政府は全国適応プログラム[8]を、英国交通省は交通レジリエンスレビュー[9]を発表しており、気候変動による極端現象に対する交通ネットワーク

表 2.1　米国陸上交通に関わる潜在的気候変動、影響、適応策（一部抜粋）[4]

	陸上交通への影響 （幹線道路、鉄道、パイプライン）		適　応　策		
潜在的な気候変動	運用と停止	インフラ	運用の変更	インフラデザインと材料の変更	その他
温　度					
とても暑い日と熱波の増加	健康と安全への配慮による建設活動期間の制限；29 ℃より典型的な制限開始；40.5℃より熱疲労の可能性 車両のオーバーヒートとタイヤ劣化	舗装とコンクリート建設工事への影響 橋梁の伸縮継手と舗装面の熱膨張 幹線道路、街路用地の景観デザインへの影響 舗装保全に関する懸念、たとえば、軟化、交通による轍、アスファルトの流出；気温 32℃以上の継続が重要な閾値 鉄道線路の変形；気温 43℃以上は機器故障に至る可能性	建設スケジュールを一日の内の涼しい時間帯に移動	新しい耐熱舗装材料の開発 耐熱性のある街路、幹線道路景観デザインのさらなる利用 ロングレールのさらなる使用	
とても寒い日の減少	雪、氷の除去費用や塩、化学物質の使用による環境影響に関する地域的変化（全般的に減少、一部の地域で増加） 維持管理労働者に対する寒さに関連した制限の減少	凍結地面上の通行に依存した未整備道路の実用性の低下	雪、氷の除去の減少 建設と維持管理時期の拡大 氷結道路の使用時期の短縮		

（続く）

（続き）

北極の温度上昇		永久凍土の解凍、道路、軌道路床、橋梁支持(陥没)、パイプラインの沈下の原因 氷結道路の時期の短縮	氷結道路の使用時期の短縮 潜在的な建設時期の拡大 底流と橋梁の洗掘のモニタリングのためのソナー使用の増加	道路法面における断熱材の使用 さまざまな種類の受動的冷却手法の使用、熱サイフォン、ロックギャラリー、「コールドカルバート」を含む	より安定した土地への道路、鉄道の部分移設
季節的な凍結の遅れと雪解けの早まり	季節的な重量制限の変化 季節的な燃料要件の変化 冬季の短縮によるモビリティと安全の改善 建設時期の拡大	凍結、雪、氷への暴露減少による舗装劣化の減少、一部の地区では凍結－解凍の状態が増加する可能性	季節的な重量制限の緩和 氷結道路の使用時期の短縮		
海面上昇、さらに暴風による高潮	暴風による高潮がもたらす沿岸部と低地の道路や鉄道サービスによる交通の停止の頻度増加 より深刻な暴風による高潮の場合の避難の必要性	沿岸部の道路や鉄道路線の浸水 地下トンネルや低地のインフラの浸水の頻度増加、深刻化 道路路盤や橋梁支持の浸食 橋梁の洗掘 桁下制限の拡張 沿岸部湿地やバリアー海岸線の喪失 地盤沈下		街路、橋梁、鉄道路線の高架化 沿岸部道路付近への排水路の付加 橋梁、トンネル、公共交通への入口のかさ上げと保全 トンネルのポンプ容量の付加	内陸への道路、鉄道の部分移設 土手、防波堤、堤防による沿岸部の高価な不動産の保全 既存の土手、防波堤、堤防の強化とかさ上げ もっとも脆弱な地区における将来開発の制限 開発制限を支援するための水害保険レートの引き上げ 沿岸部の一部の自然回帰

（続く）

（続き）

降　水					
激しい降水現象の増加	天候による遅れの増加 道路通行止めの増加 避難路の浸水の増加 建設工事の中断 雨、降雪、季節的な浸水による安全と維持管理作業への影響の変化	道路、鉄道路線、地下トンネルの浸水の増加 排水システムの過負荷、結果として逆流と街路浸水 道路洗掘、道路流出、軌道路床支持構造への被害、地滑りや土砂崩れによる道路、線路への被害の増加 土壌含水レベルへの影響、結果として道路、橋梁、トンネル構造保全への影響 道路路盤への水の悪影響 パイプライン路床の洗掘の増加とパイプラインへの被害	橋脚や橋台の洗掘のモニタリングの拡大 斜面や排水システムのモニタリングの強化 浅水におけるパイプラインの露出、移動、洗掘のモニタリングの強化 リアルタイムの浸水モニタリングの強化 運用における緊急避難手続きの組み込み	重要な避難ルートの保全 道路排水システムの高度化 砕石による橋脚と橋台の保全 カルバート容量の増加 トンネルの排水容量の付加 地滑りに対する斜面維持構造や維持設備の付加 新しい交通インフラと修復プロジェクトに対する標準排水容量の引き上げ（たとえば、100年に1回の代わりに500年に1回の暴風を想定）	水流モニタリングのためのセンサーのさらなる使用 浸水地区における開発制限
一部の地域における干ばつの増加	山火事の発生可能性の増大、結果として火事の危険や視界の悪さによる道路通行止め	山火事の発生可能性の増大による交通インフラの直接的な脅威 山火事による脱森林化地区における土砂崩れの発生可能性の増大	植生マネジメント		
季節的な降水と河川流量パターンの変化	地形により凍結した降水から降雨に変化すれば、安全と通行止めの減少便益	降水が冬季や春季の雪解け時期に雪から雨に変化すれば、雨水の浸水、地滑り、斜面崩壊、道路被害のリスク増大			

（続く）

（続き）

暴　風					
強いハリケーンの頻度増加（カテゴリー4-5）	道路や鉄道路線上のがれきの増大、結果として交通と物流を阻害 緊急避難の頻度増加と潜在的広域化	インフラ崩壊の確率の増大 橋梁床版の安定性への脅威増大 サイン、照明設備、支柱への被害の増大 暴風雨による高潮への暴露による道路のプロジェクトライフの短縮	よりルーティン化した緊急避難手続き ハリケーンの上陸と軌跡予測能力の向上 道路状況のモニタリングと道路利用者へのリアルタイムメッセージの発信における改善 緊急避難モデリングの改善	橋梁床版をより安全に橋梁下部構造に結びつけ、基礎を強化する橋梁デザインの変更 新しい交通インフラや主要な修復プロジェクトに対する排水容量の拡大（たとえば、より大きい確率年を想定） 重要な避難ルートにおける交通ボトルネックの除去とよりリダンダントなシステム構築 インフラが崩壊の危機にある場合のモジュラー建設技術の採用 容易な交換のためのモジュラー交通特性と道路サインシステムの開発	土手の強化とかさ上げ 脆弱な沿岸部の将来開発の制限 開発制限を支援するための水害保険レートの引き上げ 沿岸部の一部の自然回帰

	航空への影響		適　応　策		
潜在的な気候変動	運用と停止	インフラ	運用の変更	インフラデザインと材料の変更	その他
温　度					
とても暑い日と熱波の増加	過度の熱による遅れ 滑走路長が不十分な高地や暑い気候の空港における離陸重量制限への影響、結果としてフライトキャンセルやペイロード制限（すなわち重量制限）、あるいは両方	舗装やコンクリート施設における熱に関連する劣化や歪み 車両における熱に関連した劣化	高地や暑い気候の空港における航空機のペイロード制限の強化 フライトキャンセルの増加	新しい耐熱滑走路舗装材料の開発 可能であれば、高地や暑い気候の空港における滑走路の延長	
とても寒い日の減少	雪、氷の除去費用や塩、化学物質の使用による環境影響の変化 防氷の必要性の低下 空港におけるグラウンドクルーの作業制限の減少、典型的には−29℃以下の寒風で制限		雪、氷の除去の減少 航空機の防氷の減少		
北極の温度上昇		永久凍土の解凍、滑走路基礎の浸食		新しい滑走路舗装材料の開発 一部の滑走路の大規模改修	着陸帯の一部移設
季節的な凍結の遅れと雪解けの早まり					
海面上昇、さらに暴風による高潮	沿岸部にあるトップ50空港のいくつかの閉鎖、制限の可能性、結果として米国で最も密度高く住んでいる人口へのサービスに影響	沿岸部の空港滑走路の浸水		一部の滑走路のかさ上げ	防護的土手や堤防の建設、かさ上げ 可能であれば、滑走路の一部移設

（続く）

(続き)

降　水					
激しい降水現象の増加	上昇気流による遅れの増加 回収システムの容量を超える暴風雨水の流入、結果として浸水、遅れ、空港閉鎖 緊急避難計画、施設維持管理、安全マネジメントに対する含意	空港施設の構造保全への影響 ナビゲーション補助機器の破壊、不能 浸水による滑走路や他のインフラの被害 不十分な、あるいは傷んだ舗装排水システム	航空サービスの中断、遅れの増大 空港閉鎖の増大	排水容量の増大や滑走路、その他の舗装面を支える排水システムの改善	
一部の地域における干ばつの増加	山火事増加の可能性のある干ばつになりやすい地域にある空港の視界の低下				
季節的な降水と河川流量パターンの変化	地形により凍結した降水から降雨に変化すれば、安全と中断の減少便益	不十分な、あるいは傷んだ舗装排水システム		排水容量の増大や滑走路、その他の舗装面を支える排水システムの改善	
暴　風					
強いハリケーンの頻度増加（カテゴリー4-5）	航空サービスの中断の増加	ランドサイド施設への被害（すなわち、ターミナル、ナビゲーション補助、周辺フェンス、サイン）		ターミナル、その他の施設の強化	

表 2.2　米国交通学会の勧告の一部[4)]

①　連邦、州、地方政府は、港湾、空港、私鉄、パイプラインなどのインフラ保有者、運用者と共同して、地域ごとにいつどこで気候変動の影響が生じるか、という気候変動予測の観点から重要な交通インフラのリストを作成すべきである。
②　州と地方政府と民間インフラ供給者は、長期の資本改善計画、施設デザイン、維持管理計画、運用、緊急対応計画に気候変動を組み込むべきである。
③　交通計画者と技術者は、インフラを頑強にする費用と崩壊する経済費用のトレードオフを検討する手法を含んだ確率的な投資分析とデザイン手法を利用するべきである。より一般的なレベルでは、これらの手法は投資決定や補助金を採択する政策決定者とこれらのトレードオフに関してコミュニケーションを行うためにも利用されうる。
④　連邦計画規制は、気候変動が公共セクターの長期交通計画の策定における要素として含まれることを義務付けるべきである。また、それらの計画期間が 20～30 年に限定されるという認識を無くし、より統一だった交通－土地利用意思決定を奨励するために、計画策定において土地利用、環境保護、自然資源管理の担当組織と協調することを義務付けるべきである。
⑤　地域や複数の州の努力により気候変動の影響が考慮され、緩和される手段として、連邦と州の立法におけるインセンティブの組み込みを考慮すべきである。

表 2.3　留意すべき潜在的影響[6)]

①　地下トンネルや低地のインフラストラクチャーにおけるより頻度が高く／より深刻な洪水。より強い降雨、海水面上昇、暴風による高潮のため、排水とポンプが必要となる。
②　暴風による高潮と相対的な海水面上昇の頻度と規模の増加は、潜在的にインフラストラクチャーの寿命を短くする。
③　舗装面の熱膨張の増大は、高い温度と熱波期間の上昇のため、潜在的に劣化やサービス寿命の短期化を引き起こす。
④　道路と橋梁の維持管理／建設費の増大、温度の上昇と暴風に晒されることによる。
⑤　アスファルトの劣化と補修サイクルの短期化、より高い温度により、アクセスの制約、渋滞、より高い費用が生じる。
⑥　カルバートや排水インフラストラクチャーの損害、降雨強度変化と雪解けのタイミングによる。
⑦　ドライバーとオペレーターのパフォーマンスと意思決定スキルの低下、悪天候の結果によるドライバーの疲労のため。
⑧　深刻な天候下における車両事故リスクの増大。
⑨　システムダウン時間、脱線、所要時間の増大、極端な暑い日におけるレール変形のため。
⑩　航空機のパフォーマンス低下、飛行可能距離の制約と旅客数容量の低下につながる。
⑪　航空交通の途絶、出発と到着の回数に影響を与える深刻な天候と降雨のため。
⑫　ドックへの配送アクセスの減少と沿岸設備とナビゲーション補助設備の損害。
⑬　地方経済と公共交通へのアクセス制約。

のレジリエンス調査と適応プログラムを進展させている。後者では、洪水リスクと全国道路・鉄道ネットワークとの関係（図2.3）など、気候変動が主要道路、地方道路、鉄道、空港、港湾に対して与える幅広い影響を検討している。

また、2012年には環境・食糧・田園省（UK Department for Environment, Food & Rural Affairs）が、運輸部門を含む各部門に対する気候変動リスクアセスメントを発表している[10]。アセスメントの手順は図2.4に示すとおりであり、運輸部門に関しては、アセスメント初期の54の影響項目から、最終的に、

① 洪水による途絶と遅延
② 道路ネットワークに影響する地滑り
③ 車道修繕
④ 鉄道レールの変形
⑤ 橋脚洗掘

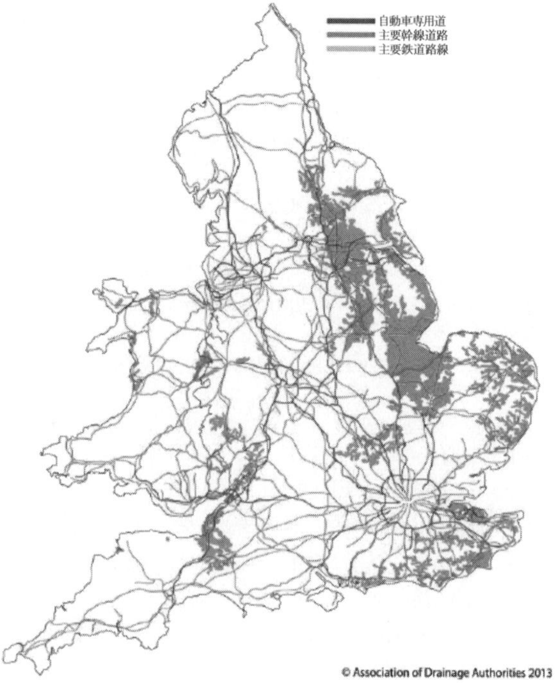

図2.3　道路・鉄道ネットワークと排水局エリア
（灰色地域は排水エリアにおいて洪水リスクのある低地）[9]

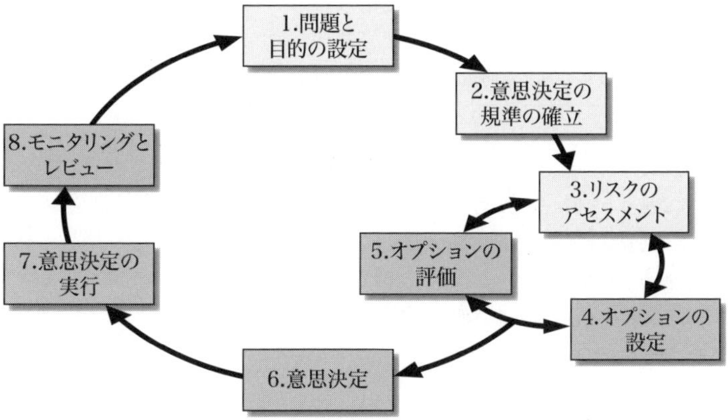

図 2.4　気候変動リスクアセスメントの手順と政府による関連するアクション[10)]

の 5 つの項目に絞り込み、詳細なリスクアセスメントを実施している。たとえば、洪水による途絶と遅延に関する中位排出シナリオでは、イングランドでは、2020 年、2050 年において年間 1〜900 万ポンドと比較的低い費用に留まるものの、2080 年には年間 10〜9,900 万ポンドに達するという結果となっている。

実際、英国では近年、洪水や高潮による交通インフラの被害が生じており、その原因として気候変動が考えられている（写真 2.1）。2008 年の気候変動法によって、温室効果ガスの排出量を 2050 年に 1990 年比で少なくとも 80％削減することを目指す英国であるが、緩和策のみならず適応策に関しても、リスクアセスメントに基づいた計画を実施に移す段階にきている。

2.3　日本における運輸部門の適応策

日本の国土交通省も 2015 年に気候変動適応計画をまとめており（表 2.4[11)]）、その意味では英国、米国等に遅れをとることなく施策を進めていると言える。日本は東日本大震災の影響もあり、沿岸部に関心が向きがちであるが、沿岸部以外の脆弱な地域におけるリスクにも留意する必要があるであろう。地球温暖化予測に基づくリスクアセスメントは今後の課題のひとつと考えられる。また、南北に長い国土を持つ日本においては、ある地域の気温上昇などの気候変

表 2.4　国土交通省気候変動適応計画（2015 年）の目次[11)]

Ⅰ．はじめに
Ⅱ．基本的考え方
１．気候変動による国土交通分野への影響
２．国土交通省が推進すべき適応策の理念
３．適応策の基本的な考え方
（１）不確実性を踏まえた順応的なマネジメント
（２）現在現れている事象への対処
（３）将来の影響の考慮
（４）ハード、ソフト両面からの総合的な対策
（５）各種事業計画等における気候変動への配慮
（６）自然との共生及び環境との調和
（７）地域特性の考慮、各層の取組推進（地方公共団体、事業者、住民等）
４．適応策の実施・見直し
Ⅲ．適応に関する施策
１．自然災害分野
（１）水害
（２）土砂災害
（３）高潮・高波等
２．水資源・水環境分野
（１）水資源
（２）水環境
３．国民生活・都市生活分野
（１）交通インフラ
（２）ヒートアイランド
４．産業・経済活動分野
５．その他の分野
６．基盤的な取組
（１）普及啓発・情報提供
（２）観測・調査研究・技術開発等
（３）国際貢献

写真 2.1　英国における洪水や高潮による交通インフラの被害[9)]

左：河川洪水により繰り返し、深刻な影響を受けた。（Wokingham Borough 2013 / 2014 年、12 月下旬、2 月下旬）

右：強風と高潮により被害を受けた鉄道路線。約 80 m にわたって深刻な被害を受け、線路のバラストと基礎が押し流された。（Dawlish　2014 年 2 月 4 日）

動に対して、個別に地域での経験が生きる可能性が高い。地域の知恵を移転する試みも重要となるであろう。

2.4　適応策にみる研究課題

運輸部門における適応策を検討するうえで、少なくとも現在の整備計画、維持管理計画に適応の概念を組み込むことにより、比較的安価な適応策を実施することができる点は重要である。また、気候変動の影響が生じる時期がかなり先であることから、高価な適応策は実施時期を先延ばしすることも一案となろう。日本の場合は、東日本大震災の影響から、防災施策が適応策を少なからずカバーする点にも留意する必要がある。

緩和策に対して、適応策に関連する研究は検討が十分でない領域が少なからずあると考えられる。本章で示した海外における検討例は、主にマクロ的な視点に基づいている。ミクロ的な視点に基づけば、大規模ネットワークのある人口密度の高い地域に対する気候変動の影響はどの程度か、気温上昇は観光やスキーなどのレクリエーション、農業生産変化に伴う物流パターンにどのような影響を与えるか、降水パターンの変化は、交通事故、渋滞、水運の容量などにどのようなメリット、デメリットをもたらすか、など数々の研究課題が残されている。

【参考文献】

1) IPCC, IPCC 2014：Climate Change 2014：Mitigation of Climate Change. Contribution of Working Group III to the Fifth Assessment Report of the Intergovernmental Panel on Climate Change, Cambridge University Press, 2014
2) 塩崎由人、加藤孝明、菅田寛、自然災害に対する都市システムのレジリエンスに関する概念整理、土木学会論文集 D3（土木計画学）、Vol.71、No.3、pp.127-140、2015
3) M. J. Koetse and P. Rietveld, Adaptation to Climate Change in the Transport Sector, Transport Reviews, pp.1-20, 2012
4) TRB, Potential Impacts of Climate Change on US Transportation, 2008
5) Executive Office of the President, The President's Climate Action Plan, 2013
6) U. S. Department of Transportation, U. S. Department of Transportation Climate Adaptation Plan Ensuring Transportation Infrastructure and System Resilience, 2014
7) UK Department for Transport, National Policy Statement for National Networks, 2014
8) UK Government, The National Adaptation Making the country resilient to a changing climate, 2013
9) UK Department for Transport, Transport Resilience Review A review of the resilience of the transport network to extreme weather events, 2014
10) UK Department for Environment, Food & Rural Affairs；Climate Change Risk Assessment for the Transport Sector, 2012
11) 国土交通省、国土交通省気候変動適応計画～気候変動がもたらす我が国の危機に総力で備える～、2015

第3章　乗用車と貨物車の地域別 CO_2 排出量変動要因分析

3.1　CO_2 排出量の推移

日本の2008年度運輸部門の CO_2 排出量[1)]は、全部門の19.4%を占めている。運輸部門の中で乗用車の2008年度 CO_2 排出量は、1990年度比35.7%増加し、運輸部門の CO_2 排出量増加のほとんどを占めている。2001年度には1990年度比53.7%増加したが、それ以降減少に転じ、2008年度には2001年度比11.8%減少している。一方、貨物車の2008年度 CO_2 排出量は、1990年度比13.3%減少している。1996年度には1990年度比10.8%増加したが、それ以降減少に転じ、2008年度には1996年度比21.8%減少している。乗用車と貨物車を合計した2008年度 CO_2 排出量は運輸部門全体の83.7%を占め、乗用車と貨物車は、日本の CO_2 排出量削減にとって、依然として重要な部門である。

また、乗用車と貨物車からの CO_2 排出量が増加から減少傾向に転換した例は海外でも稀であり、その要因を詳細に検討することは有意義であると考えられる。

乗用車と貨物車からの CO_2 排出量の削減には、CO_2 排出量とその要因の変動の推移を分析し、CO_2 排出量の変動に関連する主な要因を特定することが、有効な削減対策を立案するうえで重要であると考えられる。そのための手法として、要因分析法は、CO_2 排出量の変動を関連する要因に分解し、各要因の与える影響を定量的に示すことができる。要因分析法には、簡易要因分析法と完全要因分析法がある。簡易要因分析法は、複数要因の同時変動分を示す交絡項を分解しないで残し、各要因項とは別に計上する。一方、完全要因分析法は、交絡項を関連する要因に帰属させる。完全要因分析法は、CO_2 排出量、エネルギー消費量、食糧生産量などに関する要因分析に広く採用されている。しかし、既往研究における完全要因分析法には、交絡項の変動要因への帰属とその配分方法の面で改善すべき点が存在している。

また、要因分析にあたり、CO_2 排出量の変動を、全国のみならず地域別に分析することは、より詳細な分析を可能とし、地域特性の影響を明らかにできる可能性がある。しかし、地方自治体による個別地域を対象とした要因分析はみられるものの、全国および地域別に分析した既往研究は数少ない。さらに、乗用車の中で、普通・小型乗用車と軽乗用車とでは、保有台数や CO_2 排出量の推移に大きな違いがある。しかし、主として軽乗用車保有台数の増加に起因する車両の軽量化が、CO_2 排出量に与える影響を分析した既往研究は少ない。この点は、貨物車の CO_2 排出量に関しても同様である。

以上の点を踏まえ、本章では、まず完全要因分析法の交絡項の帰属と配分方法について検討し、新たな要因分析法を提唱する。そのうえで、提唱する要因分析法を用いて、乗用車、貨物車別に地域別 CO_2 排出量の完全要因分析を行い、要因分析結果を基に、各々の CO_2 排出量変動要因を特定する。また、乗用車に関しては、特に軽乗用車の普及による車両の軽量化が CO_2 排出量に与える影響にも着目する。

本章の構成は次のとおりである。3.2 節では分析対象と範囲を説明し、3.3 節では既往研究のレビューを行う。3.4 節では新たな完全要因分析法を提唱し、3.5 節では本章で扱う CO_2 排出量の変動要因を示す。3.6 節では CO_2 排出量と各変動要因の推移、3.7 節では要因分析の結果を示す。3.8 節では結論と今後の課題を述べる。

3.2　分析対象と範囲

本章では、分析の対象とする乗用車の車種を、旅客自家用普通・小型乗用車と旅客自家用軽乗用車（以下、軽乗用車）とする。なお、営業用乗用車は、乗用車全体の CO_2 排出量に占める割合も 3.4%（2008 年度）と小さく影響も相対的に小さい。したがって、本章では、割合の高い自家用乗用車に対象を絞り、営業用乗用車は検討の対象外とする。また、貨物車については、営業用、自家用、軽貨物車とする。パトカー、消防車、クレーン車などの特殊用途車は検討の対象外とする。

検討期間は、1990 年度から 2008 年度とする（以下、暦年は年度を示す）。乗用車の要因分析は、乗用車の CO_2 排出量が増加傾向にある 1990 ～ 1995 年、1995 年からピークの 2001 年、それ以降の減少傾向にある 2001 ～ 2008 年までの 3 期間に分けて行う。また、貨物車については、貨物車の CO_2 排出量が増加傾向にある 1990 年からピークの 1996 年、それ以降の減少傾向にある 1996 ～ 2002 年、さらに減少傾向が大きい 2002 ～ 2008 年までの 3 期間に分けて行う。本章は、CO_2 排出量増減の主な変動要因を乗用車、貨物車別に特定し、CO_2 排出量削減に有効な対策の立案に寄与することを目的としている。そのため、検討期間の区分は、乗用車、貨物車別に、CO_2 排出量の増減が同じ動向にある期間ごとに設定している。

地域区分は地方運輸局の分類に従う。地方運輸局の再編に伴い、地方運輸局の区分が 2002 年 7 月より変更されている。再編前の新潟局と中部局に帰属した県が、再編により東北局、北陸信越局、中部局に分散帰属された。本章における地域区分は、再編前の新潟局と中部局に帰属した県と、再編後の東北局、北陸信越局、中部局に帰属した県をひとつの地域（以下、東北中部地域）とし、その他の地域は、現在の地方運輸局と同じとして 7 地域とする。なお、本章では、地域間の人口移動の影響を考慮するが、たとえば、乗用車から鉄道利用への転換など、各地域における交通機関の利用可能性が CO_2 排出量に与える影響までは、要因分析法の限界から考慮していない。

地域別の CO_2 排出量は、地域別の燃料別消費量と CO_2 排出係数から算出する。CO_2 排出係数は、温室効果ガスインベントリオフィス[1)]の炭素排出係数と発熱量から算出し、ガソリンは 2.32 t-CO_2/kℓ、軽油は 2.59 t-CO_2/kℓ を用いている。

表 3.1 は CO_2 排出量に関連する要因データの出典をまとめたものである。なお、乗用車の 1 台当たりの車両重量は、自動車検査登録協力会、「自動車保有車両数」の車両重量別自動車保有車両数の各重量クラスの中間値とその保有台数を乗じ、保有車両数で除した平均値として与えた。軽乗用車については、重量別の資料がないため、軽乗用車メーカーのカタログなど個別資料を基に、1 台当たりの平均重量を 850 kg と仮定した。

表 3.1　CO_2 排出量に関連する要因データの出典

項　目	出　典
地方運輸局別走行距離	「自動車輸送統計年報」 日本自動車会議所
乗用車、軽を除く貨物自動車都道府県別保有台数	「自動車保有車両数」 自動車検査登録協力会
軽乗用車、軽貨物車都道府県別保有台数	「市町村別軽自動車車両数」 全国軽自動車協会連合会
地域別保有車両重量	「自動車保有車両数」 自動車検査登録協力会
地方運輸局別燃料消費量	「自動車輸送統計年報」 日本自動車会議所
都道府県別人口	「都道府県・男女別人口」 総務省統計局
都道府県別人口移動	「住民基本台帳人口移動報告書」 総務省統計局

3.3 既往研究のレビュー

本章で用いる要因分析法は、エネルギー消費や CO_2 排出量等の変動を関連する要因に分解する手法である。要因分析法は、CO_2 排出量等の目的量に対する各要因の寄与度を定量的に示すことができ、エネルギー、食糧生産および環境問題の政策検討などの目的に広く利用されている。

Sun[2)]は、要因分析法の信頼性と精度を改善するために、それまでの要因分析法でみられた、複数要因の同時変動分を計上する交絡項を、“jointly created and equally distributed principle”という考えを基に、均等割りで各要因に帰属させる完全要因分析法を提唱した（RLI 法：Refined Laspeyres Index Decomposition）。Sun[2)]は、この RLI 法を用いて、1973 ～ 1990 年の世界のエネルギー強度とエネルギー消費の変化について分析を行っている。RLI 法は、現在、多くの要因分析に採用されている。

日本エネルギー経済研究所[3)]や沈[4)]は、製造業の 1973 ～ 1998 年におけるエネルギー需要の変動を RLI 法、および交絡項を分解しないで残す簡易要因分析法を用いて分析し、それらの結果を比較している。そして、簡易要因分析法では、要因が大きく変動する場合、交絡項が大きくなり、計算結果の信頼性に問題が残ることを指摘している。また、沈[4)]は、完全要因分析法を運輸部門や産業関連表ベースの産業にも適用可能と述べている。

経済産業省資源エネルギー庁[5)]は、1990 ～ 2001 年における全国の乗用車と貨物車のエネルギー消費増加要因を、RLI 法を用いて分析している。その結果、乗用車については、1世帯当たりの保有台数の増加による走行距離の増加、保有車両の重量化、および実走行条件の悪化が、エネルギー消費増大の主な要因であると指摘している。一方、貨物車については、自家用貨物車の輸送量の増加により、エネルギー消費が 1990 ～ 2001 年にかけて1割程度増加していると指摘している。

環境省[6)]は、1990 ～ 1998 年における運輸部門の旅客部門と貨物部門の CO_2 排出量の増減要因を、RLI 法により分析している。その結果、旅客部門については、乗用車の保有台数増加に起因する走行距離の増加が、乗用車全体の CO_2 排出量増加の約9割を占めると指摘している。一方、貨物部門については、貨物車の輸送量の増加による CO_2 排出量の増加が著しいことを指摘している。

以上の既往研究において用いられている完全要因分析法は、いずれも複数要因の同時変動分を計上する交絡項を均等割りして各要因に帰属させている。これに対して、Ang[7]は、要因分析法は数多く提唱されているものの、各要因分析法の有利不利に関しては一致した合意のないことを指摘し、各手法を理論、適用性、利便性、理解難易度の観点から比較検討している。その結果、対数平均で重み付けをしたLMDI法（Logarithmic Mean Divisia Index Decomposition）を推奨している。さらに、Ang[8]は、LMDI法の適用のためのガイダンスを示している。その一方で、Ang[7]は、マイナスの変動要因が存在する場合やLaspeyres index法を選好する場合は、LMDI法よりもSun[2]の完全要因分析法を推奨しており、また、Sun[2]の完全要因分析法では、3要因以上の場合に計算が複雑になることを指摘している。

Papagiannaki[9]は、LMDI法により、1990～2005年におけるギリシャとデンマークの乗用車のCO_2排出量の要因分析を行っている。その結果、ギリシャのCO_2排出量増加の主要因は保有台数の増加であり、デンマークのそれは車両の大型化であると指摘している。

その他の関連する研究として、岡田[10]は、茅の式を応用して、1991～2006年における全国の乗用車からのCO_2排出量の増減要因を全微分により分解している。その結果、1991年以降において、燃料価格がCO_2排出量の増減要因と関連しており、CO_2を削減するためには軽乗用車の燃費改善が有効であること、1999年以降の燃料価格の持続的高騰の影響が小さくないことを指摘している。また、岡田[11]は、乗用車の場合と同様に茅の式を応用して、1991～2005年における貨物交通起因のCO_2排出量の要因を分析している。その結果、貨物交通においては、エネルギー効率の改善がCO_2排出量削減に寄与していると指摘し、改善方策の検討を今後の課題としている。

Kwon[12]は、1970年から30年間の英国における乗用車のCO_2排出量の増減要因をいくつかの要因分析法により検討している。その結果、CO_2排出量の増加は、主に1人当たりの走行距離の増加によるものであると指摘している。

日本トラック協会[13]は、1996～2003年にかけてのトラック輸送部門におけるCO_2排出量変化の要因を分析している。その結果、自家用トラックから営業用トラックへの転換（自営転換）と営業用トラックの燃費向上が、CO_2排出量削減に大きく寄与していると指摘している。しかしながら、用いられている要因分析方法の詳細は明らかでない。

これらの既往研究によれば、まず、完全要因分析法に関しては、複数要因の同時変化分を計上する交絡項の取り扱いなどについて、いまだ改善すべき面が残されていることがわかる。また、適用面においても、複数の地域に完全要因分析法を適用し、地域特性の影響を検討した研究例は数少ないことが見出される。

3.4　完全要因分析法

本節では、前節で要因分析法に関する既存研究をレビューした結果を踏まえ、既往研究における完全要因分析法の問題点を明らかにする。そのうえで、本章において提唱する完全要因分析法について述べる。本章では、Sun[2)]による完全要因分析法（RLI 法）を検討の対象とする。

（1）　RLI 法の概要

2 変動要因（x、y）の場合、CO_2 排出量（CO_2）は以下の式に従う。

$$CO_2 = xy \qquad \cdots(1)$$

式(1) において、CO_2 排出量は x と y の変動要因によって決定される。

ある期間（0、t）に変動する CO_2 排出量（ΔCO_2）は、

$$\begin{aligned}\Delta CO_2 &= CO_2{}^t - CO_2{}^0 = x^t y^t - x^0 y^0\\ &= (x^t - x^0)y^0 + x^0(y^t - y^0) + (x^t - x^0)(y^t - y^0) \qquad \cdots(2)\\ &= \Delta x y^0 + x^0 \Delta y + \Delta x \Delta y\end{aligned}$$

で表され、Δxy^0、$x^0\Delta y$ は、それぞれ x と y 要因の変動分、$\Delta x \Delta y$ は、x と y の同時変化分である交絡項として分解することができる。

簡易要因分析法は、交絡項を各要因項とは別途計上する。一方、RLI 法は、この交絡項を "jointly created and equally distributed principle" により均等割りに分解して、各要因に帰属させる（2 要因の場合は 2 分の 1、3 要因の場合は 3 分の 1 を各要因に配分する）。2 要因の場合は、図 3.1 および式(3)、(4) のように表される。

$$\Delta CO_{2_x} = \Delta x y^0 + 1/2 \Delta x \Delta y \qquad \cdots(3)$$

$$\Delta CO_{2_y} = x^0 \Delta y + 1/2 \Delta x \Delta y \qquad \cdots(4)$$

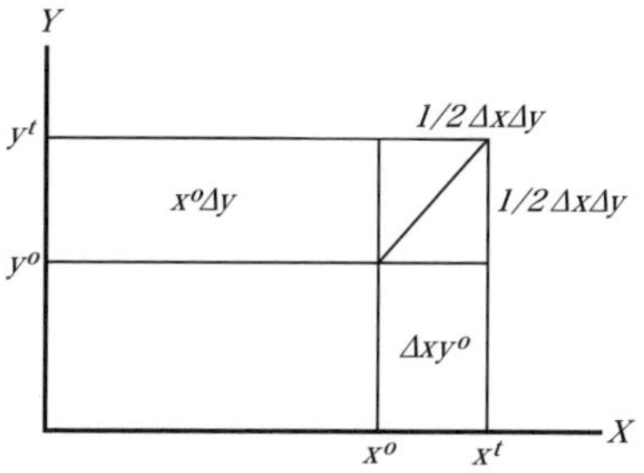

図 3.1　RLI 法の概念図

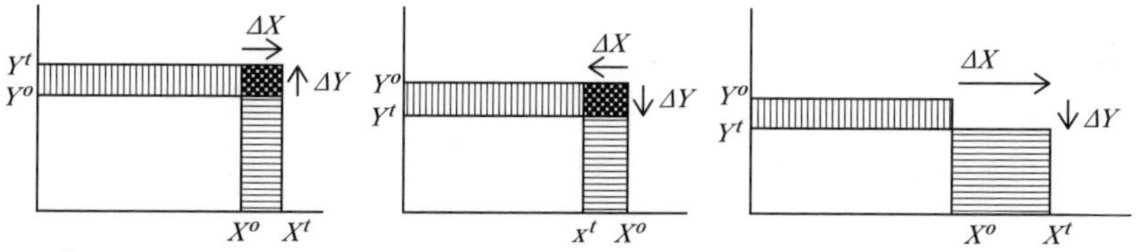

［X:増加, Y:増加］
(a) 2要因共に増加する場合

［X:減少, Y:減少］
(b) 2要因共に減少する場合

［X:増加, Y:減少］

$$\Delta CO_{2x} = \Delta x y^0 + \Delta x \Delta y$$

$$\Delta CO_{2y} = x^0 \Delta y$$

(c) 要因の増減が混在する場合

図 3.2　交絡項の帰属

(2)　RLI 法の問題点

交絡項を均等割りで各要因に帰属させる RLI 法には、計算結果の信頼性に関連する 2 つの問題点がある。

第一の問題点は、交絡項の帰属である。ある期間（0、t）において、2 要因（x、y）共に増加あるいは減少する場合、交絡項は、RLI 法のように各要素に帰属させることができる（図 3.2（a)、(b))。しかしながら、一方の要因が増加し（x)、他方が減少する（y）場合、図 3.2（c）に示すように、交絡項は、増加要因側（x）だけに関連して、減少要因側（y）には関連しない。したがって、交絡項は、減少要因側に帰属させることなく、増加要因側だけに全体を帰属させる必要がある。3 要因以上の場合も同様に、交絡項の中に増加要因と減少要因が混在する場合は、交絡項を増加要因側だけに帰属させる必要がある。

第二の問題点は、交絡項の関連要因への配分方法である。複数要因の同時変化分を示す交絡項は、各関連要因の変動の大きさに応じて、各関連要因へ配分されるべきである。この場合、要因間の変動差が小さければ、RLI 法のように交絡項を均等割りで各要因に配分しても、計算結果に信頼性の問題は生じない。しかしながら、要因間の変動差が大きい場合、各要因の変動の大きさに関係なく交絡項を各要因に均等割りで配分することは、変動の小さい要因に対して、本来配分されるべきものより過大に交絡項を配分し、反対に変動の大きな要因に対して過小に交絡項を配分することになる。そのため、計算結果に信頼性の問題が発生する。

(3)　提唱する完全要因分析法

以上の検討結果から本章において提唱する完全要因分析法（MLI 法：Modified Laspeyres Index Decomposition）では、同じ交絡項に増加要因と減少要因が混在しない場合は、交絡項を各関連要因に帰属させ、増加要因と減少要因が混在する場合は、交絡項を増加要因側だけに帰属させ、減少要因側に帰属させない。また、交絡項は、2 点間の変化分を期間の初めと終わりの平均値で除した、対称変化率の大きさに比例して配分する。具体的には、2 変動要因（x、y）の場合、各要因の対称変化率をそれぞれ a、b とすると、各要因の変動分は、以下のように表される。

$$\Delta CO_2 x = \Delta x y^0 + \frac{a}{a+b}\Delta x \Delta y \qquad \cdots(5)$$

$$\Delta CO_2 y = x^0 \Delta y + \frac{b}{a+b}\Delta x \Delta y \qquad \cdots(6)$$

$$a = \frac{\Delta x}{(x^0 + x^t)/2}, b = \frac{\Delta y}{(y^0 + y^t)/2} \qquad \cdots(7)$$

ただし、$\Delta x>0$　$\Delta y<0$ の時　$b=0$、$\Delta x<0$　$\Delta y>0$ の時　$a=0$、

$\Delta x<0 \Delta y<0$ の時 $\frac{a}{a+b}$ を $1-\frac{a}{a+b}$、$\frac{b}{a+b}$ を $1-\frac{b}{a+b}$ で置換する。

また、4 変動要因（x_1、x_2、x_3、x_4）の場合、x_1 要因の変動分は、以下のように表される。

$$\Delta CO_{2x1} = \Delta x_1 \left(x_2{}^0 x_3{}^0 x_4{}^0 + \frac{a_1}{a_1 + a_2} \Delta x_2 x_3{}^0 x_4{}^0 \right.$$

$$+ \frac{a_1}{a_1 + a_3} x_2{}^0 \Delta x_3 x_4{}^0 + \frac{a_1}{a_1 + a_4} x_2{}^0 x_3{}^0 \Delta x_4$$

$$+ \frac{a_1}{a_1 + a_2 + a_3} \Delta x_2 \Delta x_3 x_4{}^0 + \frac{a_1}{a_1 + a_2 + a_4} \Delta x_2 x_3{}^0 \Delta x_4$$

$$\left. + \frac{a_1}{a_1 + a_3 + a_4} x_2{}^0 \Delta x_3 \Delta x_4 + \frac{a_1}{a_1 + a_2 + a_3 + a_4} \Delta x_2 \Delta x_3 \Delta x_4 \right) \quad \cdots (8)$$

$$\text{ただし、} a_i = \frac{\Delta x_i}{(x_i{}^0 + x_i{}^t)/2} (i = 1,2,3,4)$$

(4)　RLI 法と MLI 法による要因分析例

2 変動要因の場合の RLI 法と本章で提唱する完全要因分析法（MLI 法）による分析例を表 3.2 に示す。ケース 1、2 のように、両要因共に増加あるいは減少する場合は、分析法の違いによる要因の増減にあまり差異はみられない。しかしながら、ケース 3 のように、片方の要因が増加し他の要因が減少する場合、分析法の違いによる各要因の増減（ΔF_D、ΔF_E）の差異は非常に大きなものとなる。

表 3.2　RLI 法と MLI 法による要因分析例

燃料消費量（F）（ℓ）	＝走行距離（D）（km）	× 燃費（E）（ℓ/km）

ケース 1：D：増加 , E：増加

Year	D	E	F
0	10	10	100
t	30	20	600
Δ	20	10	500
要因分析結果			
	ΔF_D	ΔF_E	ΔF
RLI	300	200	500
MLI	320	180	500

ケース 2：D：減少 , E：減少

Year	D	E	F
0	30	20	600
t	10	10	100
Δ	−20	−10	−500
要因分析結果			
	ΔF_D	ΔF_E	ΔF
RLI	−300	−200	−500
MLI	−320	−180	−500

ケース 3：D：増加 , E：減少

Year	D	E	F
0	10	20	200
t	30	10	300
Δ	20	−10	100
要因分析結果			
	ΔF_D	ΔF_E	ΔF
RLI	300	−200	100
MLI	200	−100	100

3.5　乗用車と貨物車の CO_2 排出量の変動要因

(1)　乗用車の変動要因

本章では、既往の研究などを参考とし、乗用車の変動要因は、図3.3のように関連付けることができるものと仮定した。乗用車の CO_2 排出量の変動要因を、保有台数1台当たりの走行距離（km/台）、人口1人当たりの保有台数（台/人口）、人口（人）、平均保有車両重量（トン）、平均保有車両重量当たりの実走行燃費の逆数（(ℓ/km）/トン）の5要因としている。

なお、ガソリン価格やグリーン税制などの減税措置は、上記の CO_2 排出量の直接変動要因のうち、乗用車の所有（保有台数）、車種選択（車両重量、燃費）、利用（走行距離）に影響を与え、その結果として CO_2 排出量の動向に影響を与えていると考えられる。したがって、ガソリン価格と税制措置は直接変動要因に影響を与える高次の要因と捉え、本要因分析では、変動要因を CO_2 排出量に直接影響を与える前記5要因とし、ガソリン価格と税制措置を変動要因としていない。また、CO_2 排出量の削減に寄与する電気自動車やハイブリッド車などの低環境負荷車両の普及については、低環境負荷車両単独の各変動要因に関する統計資料がないため、単独の変動要因としていない。

(2)　貨物車の変動要因

同様に貨物車の変動要因は、図3.4のように関連付けることができるものと仮定した。本章では、貨物車の CO_2 排出量の変動要因を、輸送量当たり CO_2 排出量原単位（トン CO_2/トンキロ）、1台当たりの輸送トンキロ（輸送トンキ

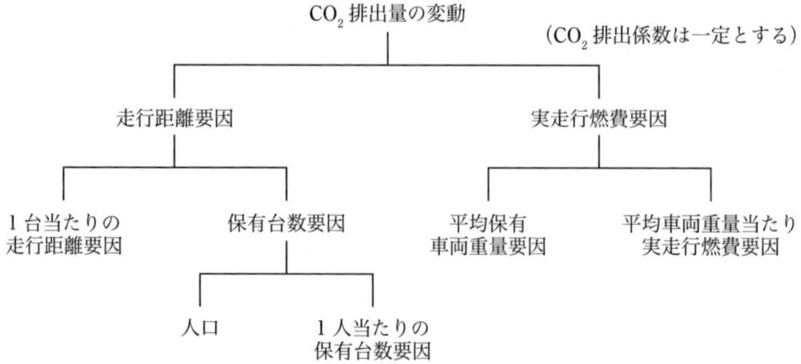

図3.3　乗用車の変動要因

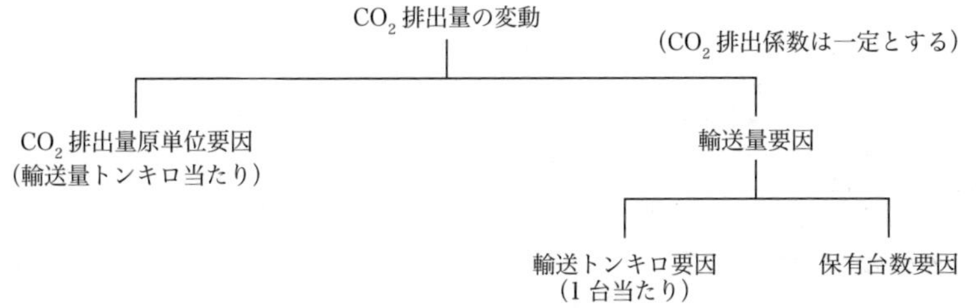

図 3.4　貨物車の変動要因

ロ / 保有台数)、保有台数（台）の 3 要因としている。なお、ガソリン価格、グリーン税制などの減税措置、低環境負荷車両単独の影響については、乗用車の場合と同じ理由により、検討の対象としていない。

3.6　CO_2 排出量と各変動要因の推移

(1)　乗用車の CO_2 排出量と変動要因の推移

乗用車全体、および乗用車の中で軽乗用車の CO_2 排出量と変動要因の推移を図 3.5（a)、(b）に示す。いずれの要因も 1990 年値を基準としている。乗用車全体の CO_2 排出量は増加傾向にあったが、2001 年をピークに減少に転じている。また、増加傾向にあった乗用車全体の走行距離は、2003 年をピークにその後減少に転じているが、保有台数の増加率が走行距離の増減率より大きいため、1 台当たりの走行距離は減少傾向が続いている（2001 年において 1990 年比 97%、2008 年において 1990 年比 86%)。一方、増加傾向にあった実走行燃費の逆数（ℓ /km）は、2002 年近辺をピークにその後減少に転じているが、より大きな増加傾向にあった平均保有車両重量が 2000 年近辺からほぼ一定の値となっているため、平均保有車両重量当たりの実走行燃費の逆数は、減少傾向が続いている（2001 年において 1990 年比 96%、2008 年において 1990 年比 88%)。したがって、1 台当たりの走行距離と平均保有車両重量当たりの実走行燃費の逆数の推移は類似している。人口 1 人当たりの保有台数は、2006 年以降頭打ち傾向にあるが、依然として増加傾向が続いている。人口は、横ばい傾向が続いている。また、図 3.5（b）に示すように CO_2 排出量、1 台当たりの走行距離、人口 1 人当たりの保有台数および実走行燃費（km/ ℓ）の推移の背景には、普通・小型乗用車に代わる軽乗用車の保有台数の増加による影響が大きい。

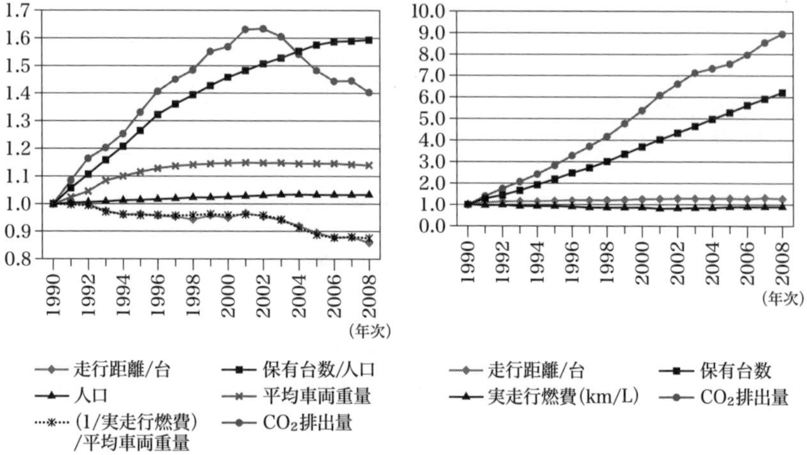

(a) 乗用車全体　　(b) 軽乗用車

図 3.5　乗用車の CO_2 排出量と変動要因の推移（1990 年＝1.0）

(2)　貨物車の CO_2 排出量と変動要因の推移

貨物車全体、営業用、自家用および軽貨物車の CO_2 排出量と変動要因の推移をそれぞれ図 3.6（a）–（d）に示す。乗用車と同様に、いずれの要因も 1990 年頃を基準としている。

貨物車全体の CO_2 排出量は、1996 年をピークに減少に転じ、2002 年以降さらなる減少傾向を示している。また、輸送トンキロ当たりの CO_2 排出量は、それまでの増加傾向が 1993 年をピークに減少に転じて、2002 年以降さらなる減少傾向を示している。しかしながら、1 台当たりの輸送トンキロは、増加傾向が続いている。輸送トンキロが増加しているにもかかわらず、CO_2 排出量が減少していることは、特に営業用貨物車の輸送トンキロ当たりの CO_2 排出量の改善効果が大きいことを示している。

また、営業用、自家用、および軽貨物車の変動要因の推移には、大きな違いがみられる。営業用貨物車の CO_2 排出量は、2000 年をピークに減少に転じ、輸送トンキロ当たりの CO_2 排出量は 1994 年をピークに減少傾向にある。一方、自家用および軽貨物車の CO_2 排出量は減少傾向にあり、自家用貨物車の輸送トンキロ当たりの CO_2 排出量は、2002 年にピークを迎えている。営業用貨物車の保有台数と 1 台当たりの輸送トンキロは増加傾向にあり、自家用貨物車の保有台数と 1 台当たりの輸送トンキロは減少傾向にあることから、自営転換が

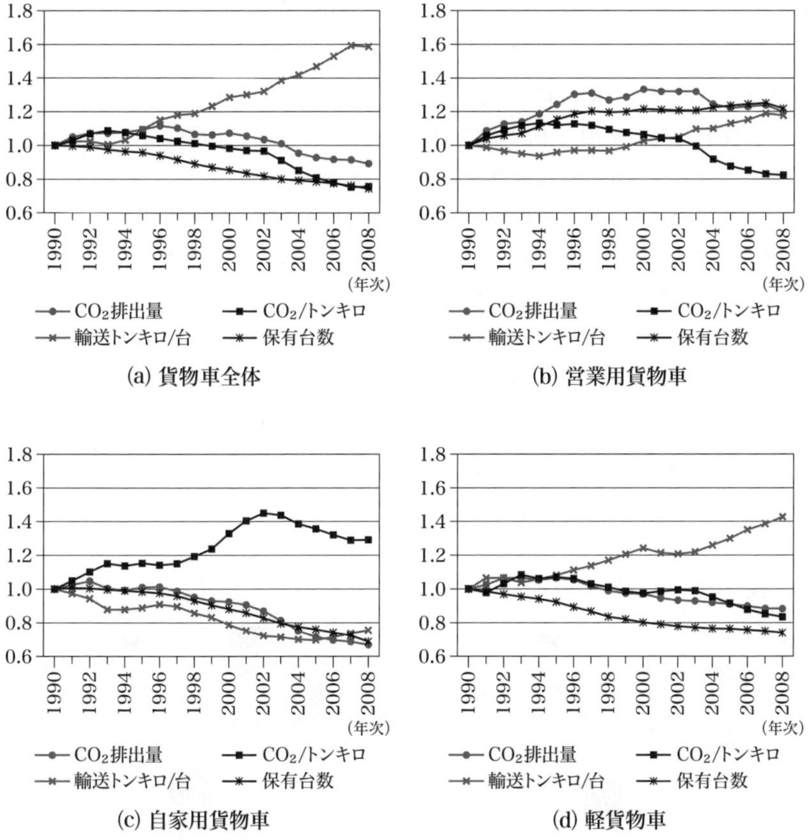

図 3.6　貨物車の CO_2 排出量と変動要因の推移（1990 年＝1.0）

進展し、CO_2 排出量の減少に寄与しているものと考えられる。

3.7　要因分析の結果

本節では、本章で提唱する MLI 法による分析結果を基に、各検討期間における主な変動要因について検討する。なお、要因分析は全国および 7 地域を対象として行っているが、冗長性を避けるため、全国および特徴的な傾向を示す地域の分析結果を表す図のみ掲載する。

(1)　乗用車の CO_2 排出量増減要因（図 3.7）

①　1990〜1995 年の CO_2 排出量増加要因

1990〜1995 年の CO_2 排出量増加の主な要因は、各地域ともに、人口１人当たりの保有台数の増加と平均保有車両重量の増加である。特に人口１人当たりの保有台数の増加が大きな影響を与えている。

一方、各地域ともに、平均保有車両重量当たりの実走行燃費の改善、および北海道（図 3.7（b））と関東（図 3.7（c））を除く地域における、１台当たりの走行距離の減少が、CO_2 排出量の減少に寄与している。

1990〜1995 年はガソリン価格の低下時期と重なるため、各地域の CO_2 排出量増加の主要因である人口１人当たりの保有台数と平均保有車両重量の増加は、ガソリン価格低下の影響を受けていると考えられる。

②　1995〜2001 年の CO_2 排出量増加要因

1995〜2001 年の CO_2 排出量増加の主な要因は、各地域ともに、人口１台当

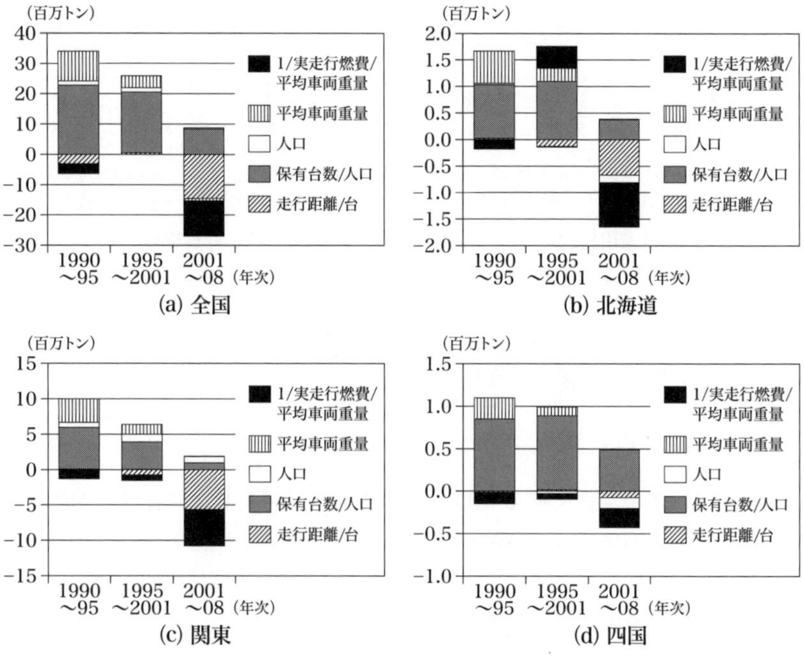

図 3.7　乗用車の要因分析結果

各検討期間における要因別 CO_2 排出量の変動（百万トン CO_2）

たりの保有台数の増加である。平均保有車両重量の増加も CO_2 排出量増加に影響を与えているが、1990〜1995 年に比べてその影響は小さい。

地域別では、四国（図 3.7（d））の人口 1 人当たりの保有台数の増加が CO_2 排出量増加に大きな影響を与えている。また、北海道（図 3.7（b））の平均保有車両重量当たりの実走行燃費の悪化、および関東（図 3.7（c））の人口増加が、当該地域の CO_2 排出量の増加に影響を与えている。関東の平均保有車両重量当たりの実走行燃費の改善は、関東の CO_2 排出量減少に寄与している。

1995〜2001 年は、1990〜1995 年と同様に、ガソリン価格の低下時期と重なる。各地域の CO_2 排出量増加の主要因である人口 1 人当たりの保有台数の増加は、ガソリン価格低下の影響を受けていると考えられる。

③　2001〜2008 年の CO_2 排出量減少要因

2001〜2008 年の乗用車の CO_2 排出量は、それまでの増加傾向から減少傾向に転じている。減少の主な要因は、各地域ともに、1 台当たりの走行距離の減少と平均保有車両重量当たりの実走行燃費の改善である。人口 1 人当たりの保有台数の増加が、CO_2 排出量増加に影響を与えているが、1 台当たりの走行距離の減少と平均保有車両重量当たりの実走行燃費の改善による削減効果が、それを上回っている。平均保有車両重量による影響もほとんど見られなくなっている。

特に、東北中部、九州の 1 台当たりの走行距離の減少、および中国、四国（図 3.7（d））の平均保有車両重量当たりの実走行燃費の改善が、当該地域の CO_2 排出量の減少に大きく寄与している。また、関東（図 3.7（c））を除く地域の人口減少が、各地域の CO_2 排出量の減少に寄与しており、中国、四国（図 3.7（d））でその影響が大きい。反対に、関東の人口増加が CO_2 排出量の増加に影響を与えている。

2001〜2008 年は、それ以前の検討期間と異なり、ガソリン価格の上昇時期と重なる。CO_2 排出量減少の主要因のひとつである 1 台当たりの走行距離の減少は、ガソリン価格上昇の影響を受けていると考えられる。また、もうひとつの減少主要因である平均保有車両重量当たりの実走行燃費の改善は、ガソリン価格の上昇に加えて、グリーン税制などの減税措置によるハイブリッド車などの低環境負荷車両と軽乗用車への転換の影響を受けていると考えられる。

(2)　貨物車の CO_2 排出量増減要因（図 3.8）

①　1990～1996 年の CO_2 排出量増加要因

1990～1996 年の CO_2 排出量増加の主な要因は、北海道（図 3.8（b））を除き、関東（図 3.8（c））など各地域ともに、保有台数当たりの輸送トンキロの増加である。また、各地域ともに貨物車の保有台数の減少が、CO_2 排出量減少に寄与している。また、中国、四国（図 3.8（d））以外の地域で、輸送トンキロ当たりの CO_2 排出量が、CO_2 排出量の増加要因となっている。

②　1996～2002 年の CO_2 排出量減少要因

1996～2002 年の貨物車の CO_2 排出量は、それまでの増加から減少に転じている。1996～2002 年の CO_2 排出量減少の主な要因は、各地域ともに、輸送トンキロ当たりの CO_2 排出量の減少と貨物車の保有台数の減少である。1 台当たりの輸送トンキロの増加が、CO_2 排出量の増加要因となっているものの、貨物車として CO_2 排出量が減少傾向にあるのは、貨物車の自営転換による輸送トンキロ当たりの CO_2 排出量の減少が寄与しているものと考えられる。

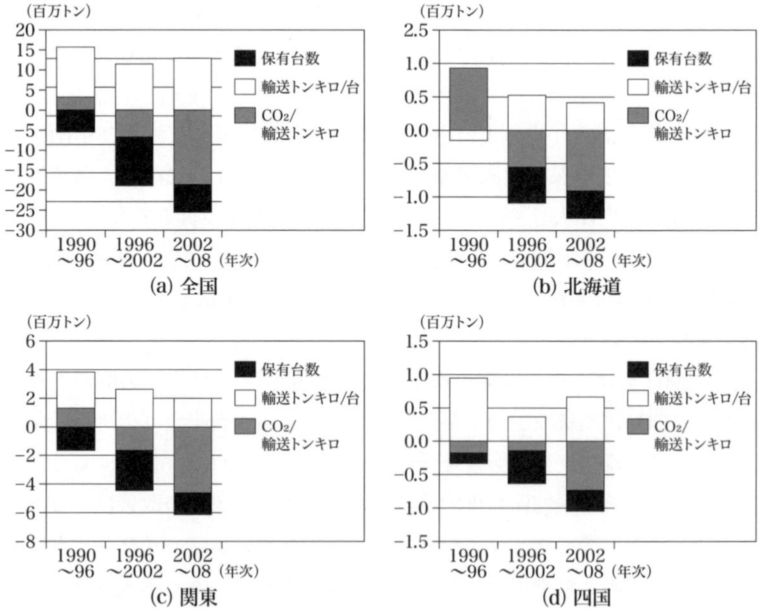

図 3.8　貨物車の要因分析結果

各検討期間における要因別 CO_2 排出量の変動（百万トン CO_2）

③　2002～2008 年の CO_2 排出量減少要因

2002～2008 年の貨物車の CO_2 排出量は、1996～2002 年に比べて、減少傾向が大きくなっている。減少の主要因は、輸送トンキロ当たりの CO_2 排出量の減少である。この背景には、自営転換の進展の影響が示唆される。また、1 台当たりの輸送トンキロの増加が、依然として CO_2 排出量の増加要因となっているが、輸送トンキロ当たりの CO_2 排出量の減少と貨物車の保有台数の減少による削減効果が、それを上回っている。

(3)　RLI 法と MLI 法による要因分析結果の比較

全国を対象とした RLI 法と MLI 法による要因分析結果を比較した（表 3.3）。乗用車に対する両手法による最も大きな差異は、1990～1995 年の 1 台当たりの走行距離、人口および平均保有車両重量当たりの実走行燃費要因の CO_2 排出増減量であり、MLI 法による増減量が、RLI 法比 83％となった。一方、貨物車に対して最も大きな差異は、2002～2008 年の 1 台当たりの輸送トンキロ

表 3.3　RLI 法と MLI 法による要因分析結果の比較

乗用車　（百万トン CO_2）

期間	手法	走行距離／台	保有台数／人口	人口	平均車両重量	(1/ 実走行燃費)／平均車両重量	CO_2 排出変動量合計
1990～95	RLI	−3.70	23.08	1.56	10.72	−4.01	27.65
	MLI	−3.06	22.80	1.29	9.94	−3.32	27.65
	MLI/RLI	0.83	0.99	0.83	0.93	0.83	1.00
1995～2001	RLI	0.37	19.77	1.73	3.83	0.14	25.84
	MLI	0.34	20.13	1.61	3.64	0.13	25.84
	MLI/RLI	0.91	1.02	0.93	0.95	0.90	1.00
2001～08	RLI	−15.05	9.36	0.38	−1.01	−11.98	−18.30
	MLI	−14.62	8.37	0.33	−0.89	−11.50	−18.31
	MLI/RLI	0.97	0.89	0.86	0.88	0.96	1.00

貨物車　（百万トン CO_2）

期間	手法	CO_2 排出量／トンキロ	輸送トンキロ／保有台数	保有台数	CO_2 排出変動量合計
1990～96	RLI	3.55	12.73	−5.93	10.35
	MLI	3.30	12.46	−5.41	10.35
	MLI/RLI	0.93	0.98	0.91	1.00
1996～2002	RLI	−7.33	12.95	−13.03	−7.41
	MLI	−6.70	11.57	−12.27	−7.14
	MLI/RLI	0.91	0.89	0.94	1.00
2002～08	RLI	−20.16	15.59	−7.96	−12.54
	MLI	−18.70	13.04	−6.88	−12.54
	MLI/RLI	0.93	0.84	0.86	1.00

要因の CO_2 排出増加量であり、MLI 法による増加量が、RLI 法比 84％となった。

MLI 法による各変動要因の CO_2 排出増減量は、RLI 法に比較して少ない傾向がある。この理由として、増加要因と減少要因が同じ交絡項に混在する場合、RLI 法では交絡項をすべての要因に均等分配するが、MLI 法では、交絡項を増加要因側だけに帰属させ、減少要因側に帰属させないことが考えられる。

今後も増加要因と減少要因が混在する事例が数多くあると予想される。この場合、増加要因と減少要因の各変動量が大きくなると交絡項も大きな値となり、RLI 法と MLI 法による要因分析結果の違いは大きなものとなる。その結果、CO_2 排出量削減政策の検討において、変動要因の CO_2 排出量削減効果の評価や重点政策とすべき変動要因の選択などに影響をおよぼす可能性がある。

(4) 軽乗用車普及による CO_2 排出量削減効果

乗用車全体の保有台数の増加には、軽乗用車保有台数の増加による影響があり、各地域の CO_2 排出量の動向に影響を与えている。軽乗用車保有台数の増加は、普通・小型乗用車保有に代わって、軽乗用車を保有する結果生じたものとして捉えることができる。増加傾向にあった乗用車全体の平均保有車両重量は、普通・小型乗用車保有台数増加の頭打ちと軽乗用車保有台数の増加により、2000 年近辺から横ばいの傾向にある。この普通・小型乗用車保有に代わる軽乗用車保有の増加は、軽乗用車の実走行燃費（km/ℓ）が普通・小型乗用車に比べて良いことから（軽乗用車の実走行燃費は、普通・小型乗用車に比べて、1900 年で 36%、2001 年で 28%、2008 年で 25%良い）、乗用車全体の CO_2 排出量に対して削減効果があると考えられる。

2001 年および 2008 年の各単年度における軽乗用車普及による CO_2 排出量削減効果を完全要因分析法とは異なる手法で試算した。1990 年における乗用車全体の保有台数の中で軽乗用車の占める割合は 7.8%となっている。この保有台数の割合が 2001 年および 2008 年においても変化しないと仮定し、両年の両車種の 1 台当たりの走行距離と実走行燃費の実績値から両車種の CO_2 排出量を算出した。そして CO_2 排出量の実績値との違いを、2001 年および 2008 年における軽乗用車普及による削減効果とした。その結果、2001 年において 307 万トン、2008 年において 463 万トンの CO_2 排出量削減効果があったと試算された（図 3.9）。普通・小型乗用車保有に代わる軽乗用車保有の増加は、CO_2 排

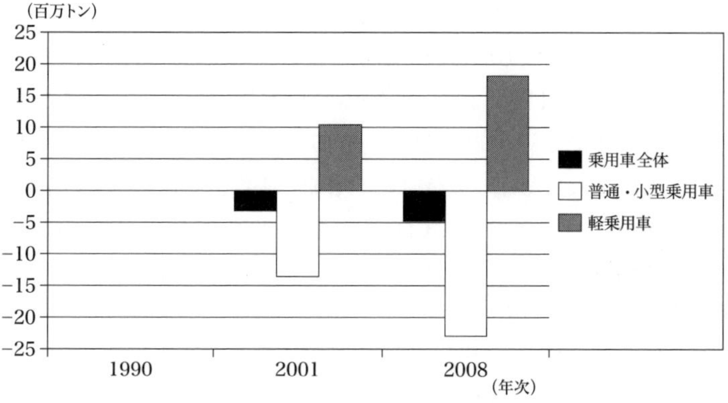

図3.9　軽乗用車普及によるCO_2排出量削減効果（百万トンCO_2）
1990年における軽乗用車の占める割合（7.8%）が2001年および2008年においても変化しないと仮定して試算した両年におけるCO_2排出量（a）と実績値（b）との差（$b-a$）

出量削減に大きな効果があったと認められる。

なお、本検討は、2001年および2008年の各単年度におけるCO_2排出量削減効果を試算しているため、複数年の検討期間におけるCO_2排出量の総変動量を計算するMLI法による要因分析結果との単純比較は難しい。

しかしながら、MLI法による2001〜2008年のCO_2排出量削減の主要因のひとつである平均保有車両重量当たりの実走行燃費の逆数（(ℓ/km）/トン）は、それまでの減少傾向を2002年近辺から一層増大させている。一方、平均保有車両重量が2000年近辺からほぼ一定のため、実走行燃費の逆数（ℓ/km）の減少傾向の増大継続がCO_2排出量削減の主要因として考えられる。したがって、MLI法による要因分析結果からも、本試算結果と同様に、2008年の実走行燃費改善によるCO_2排出量削減効果が2001年より増大していると推測される。

3.8　結論と今後の課題

本章は、日本の乗用車と貨物車からのCO_2排出量の変動を対象として、全国と地域別の要因分析を行った。まず、従来分析法（RLI法）における交絡項の帰属と配分方法の問題点を指摘し、そのうえで、交絡項を関連要因だけに帰属させ、要因の対称変化率に比例して配分する方法（MLI法）を提唱した。同じ変動要因の中で増加と減少要因が混在する場合、提唱するMLI法とRLI

法による分析結果には大きな違いが生じる。本章で提唱する MLI 法は、RLI 法に比べて、より信頼性のある分析結果を提供するものと考えられる。

次に、提唱する MLI 法により、乗用車の CO_2 排出量の変動要因について分析を行った。その結果、1990〜1995 年の CO_2 排出量増加の主な要因は、各地域ともに、人口1人当たりの保有台数の増加と平均保有車両重量の増加であることが明らかとなった。また、CO_2 排出量が 2001 年をピークに減少傾向となった主な要因は、各地域ともに、1台当たりの走行距離の減少と、平均保有車両重量当たりの実走行燃費の改善であった。特に、東北中部、九州では1台当たりの走行距離の減少、中国、四国では平均保有車両重量当たりの実走行燃費の改善が CO_2 排出量減少に大きく寄与していた。また、関東を除く地域の人口減少も、各地域の CO_2 排出量の減少に寄与していることが示された。これらの背景にある要因のひとつとして、乗用車に代わる軽乗用車の保有台数の増加が示唆された。

一方、貨物車の CO_2 排出量の変動要因についての分析結果からは、1990〜1996 年の CO_2 排出量増加の主な要因は、北海道を除き、保有台数当たりの輸送トンキロの増加であることが示された。1996 年をピークに減少傾向にある主な要因は、各地域ともに、輸送トンキロ当たりの CO_2 排出量の減少と保有台数の減少であることが明らかとなった。前者からは、自営転換が進展し、CO_2 排出量の減少に寄与していることが示唆された。また、乗用車と比較して、貨物車の地域別要因の差異はあまり認められなかった。

今後の課題としては、普通・小型乗用車と軽乗用車、自家用貨物車と営業用貨物車など車種間の移動が CO_2 排出量に与える影響をより詳細に検討する必要がある。また、要因分析法は主に過去の推移を対象とした分析手法であるが、これを将来の予測、あるいは政策検討に活用するための方法に関して検討する必要がある。さらに、入力データには精度のばらつきがあることから、その評価方法を検討する必要もあると考えられる。

【参考文献】

1) 温室効果ガスインベントリオフィス（GIO）編、日本国温室効果ガスインベントリ報告書、地球環境研究センター・（独）国立環境研究所、2010

2) Sun, J. W., Changes in energy consumption and energy intensity－A complete decomposition model, Energy Economics, Vol.20, pp.85-100, 1998.

3)（財）日本エネルギー経済研究所、図解 エネルギー、経済データの読み方入門、pp.307-

312、(財) 省エネルギーセンター、2001
4) 沈中元、エネルギー需要の変動要因分析法－完全要因分析法と簡易法、第17回エネルギーシステム・経済・環境コンファレンス講演論文、pp.1-5、2001.
5) 経済産業省資源エネルギー庁、運輸部門のエネルギー消費動向、pp.18-19、2004.
6) 環境省、平成12年度 温室効果ガス削減技術シナリオ策定検討会、温室効果ガス排出量分析評価ワーキンググループ報告書、pp.50-60、101-03、2001.
7) Ang, B. W., Decomposition analysis for policymaking in energy-which is the preferred method?, Energy Policy, Vol.32, pp.1131-1139, 2004.
8) Ang, B. W., The LMDI approach to decomposition analysis-a practical guide, Energy Policy, Vol.33, pp.867-871, 2005.
9) Papagiannaki, K. and Diakoulaki, D., Decomposition analysis of CO_2 emissions from passenger cars-The cases of Greece and Denmark, Energy Policy, Vol.37, pp.3259-3267, 2009.
10) 岡田啓、日本における自家用車起因の CO_2 排出の要因分析－茅の式を応用した一考察、運輸と経済、第68巻、第11号、pp.50-59、2008.
11) 岡田啓、日本における貨物交通起因の CO_2 排出の要因分析、武蔵工業大学環境情報学部紀要、第9号、pp.17-23、2008.
12) Kwon, T.-H., Decomposition of factors determining the trend of CO_2 emissions from car travel in Great Britain (1970-2000), Ecological Economics, Vol.53, pp.261-275, 2005.
13) 日本トラック協会、トラック運送事業における地球温暖化対策とその評価に関する調査調査報告書、2008

第4章　電気自動車による CO_2 削減のための電源構成

電気自動車（以下、EV）は、低 CO_2 電源と組み合わせることで CO_2 削減に貢献すると考えられている。しかし、2011年の東日本大震災以降、将来の原子力発電所への依存政策が揺らぎ、電力の CO_2 排出原単位をどこまで低下できるか不透明になっている。そこで、本章では将来の電源構成シナリオを描いてその CO_2 排出原単位を求め、EVが CO_2 削減に貢献しうる水準であるために求められる条件について調べることとする。

4.1　EV・プラグインハイブリッド車（PHV）の動向

近年、EV・PHVの技術開発と市場への投入が進展している。これら最新モデルの電費と、類似するガソリン車（GV）の走行時 CO_2 排出量の比較を図4.1に示す。系統電力の CO_2 排出原単位が最新鋭の石炭火力相当であれば、EVの CO_2 排出は通常のハイブリッド車（HV）より多くなってしまう。原子力が停滞し、今後新設される大規模電源が石炭火力とLNG火力に限定されれば、その比率がEVの CO_2 削減にとって重要となる。

なお、自動車の燃費については、カタログ燃費と実燃費の乖離がよく指摘さ

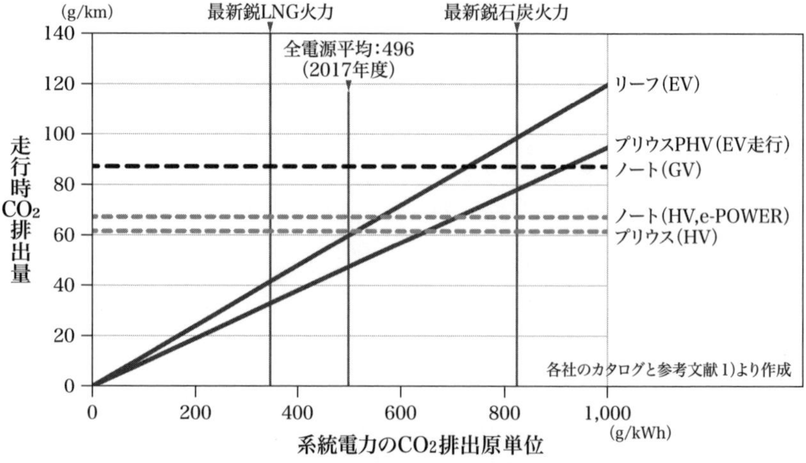

図4.1　乗用車最新モデルの走行時 CO_2 排出量の比較（JC08モード）

れる。IT 関連企業である㈱イードは、各ユーザーから実燃費データを集め、インターネット上で「e 燃費」として公開している。限られた車種の冬期におけるデータを調べたところ、GV・HV とも、実燃費はおおむね JC08 燃費（2011 ～ 2018 年度に用いられていた走行パターンに基づくカタログ燃費）の 70 ～ 75％程度となっていたため、相対的な優位性は変わらないとした（EV についてのデータはない）。

4.2　分析手法

分析には（一財）電力中央研究所の最適電源構成モデル OPTIGEN を使用する。OPTIGEN は、さまざまな外部条件に基づき、現在から将来に至るまでの電源開発と運用にかかる総費用の現在価値を最小化するような電源計画を求める数理計画モデルであり[2)]、その全体像を図 4.2 に示す。本モデルを用いて、2050 年にかけてさまざまな原子力の導入規模および CO_2 排出制約の組合せについて、系統電力平均の CO_2 排出原単位がどのようになるかシミュレーションし、経済性やエネルギーセキュリティの観点を含め、EV が HV と比べて安定的に CO_2 削減となり得るために、将来の電源構成に求められる条件について探索する。

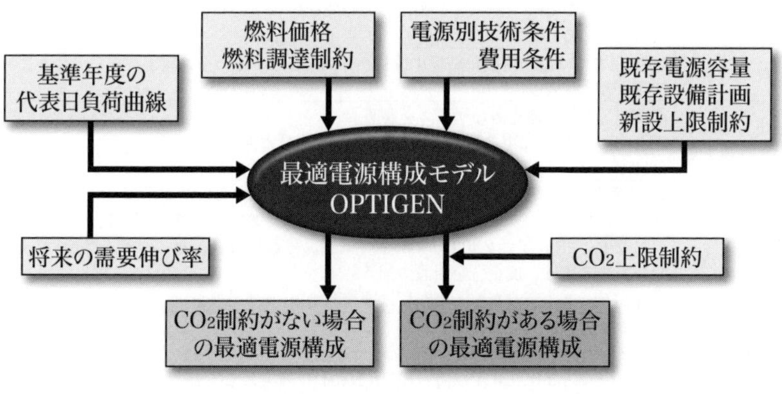

図 4.2　最適電源構成モデル OPTIGEN の全体像

4.3　試算条件と分析結果

ケース設定を含めた試算条件を表4.1に要約する。原子力発電の導入規模に関しては不透明な状況にあるが、本章ではIEAが想定したシナリオ（表4.1）[3]に準拠し、震災前と比べて半減水準を維持するケースと撤退するケースの2通り、CO_2 削減に関しては排出制約無し、石炭火力新設禁止、排出原単位上限制約（400 g/kWh）の3通りとする全部で6つのケースについて試算した。なお、原子力の半減維持ケースにおいては、既存電源が2040年以降に廃止されるのを穴埋めするための新設が必要となる。また、CO_2 回収・貯留（CCS）や排出権の購入による CO_2 削減は考慮しない。

各ケースの設備容量と発電電力量に関する試算結果を図4.3～4.8に示す。ここで、ケース②−3は2040年以前に排出制約を達成しうる解が得られなかったため、この期間だけ上限制約を可能な範囲で最も少ない414 g/kWhまで緩めた②−3’とした。

ケース①−1では、CO_2 制約がないため、原子力の穴埋めを安価な石炭火力とIGCC（石炭ガス化複合発電）で行う。ケース②−1では、ケース①−1と比べ、原子力が少なくなった分火力発電が増加する。一方、石炭火力の新設を禁止するケース①−2では、ケース①−1やケース②−1と比べて CO_2 削減は

表4.1　試算条件

項　目	概　要
コスト条件	コスト等検討小委員会報告[4]に基づくが、CO_2 対策費、政策経費、事故リスク対応費などは含めない（輸入燃料価格（含む諸経費）は若干安い新政策シナリオケースの方を用いる）
系統電力需要	2030年までは電中研展望結果中成長ケース[5]とし、その後は減少に転じ、徐々に減少率が拡大する
再生可能エネルギー導入量	政府見通し[6]の控えめなケースを参照 2030年：太陽光発電2,740万kW、風力発電600万kW 2050年：太陽光発電5,300万kW、風力発電1,800万kW
天然ガス火力	LNG消費量には制限を置かないが、設備建設は年200万kWが上限
原子力発電	①半減維持ケース：IEAのWorld Energy Outlook 2012シナリオ[3]（直近の新設2基）に準じ、2030年に2,400万kWまで漸減。それ以降は、その水準を2050年まで維持するよう、廃止分を新設で補う ②撤退ケース：新設なし＋既存炉は運転開始後40年で停止
ケース設定	①−1 or ②−1：CO_2 制約無し ①−2 or ②−2：CO_2 制約を課さない一方、今後一切の石炭火力の新設を禁止する ①−3 or ②−3：2020年以降、EVがHVより確実に CO_2 削減となるよう、排出原単位に上限制約（400 g/kWh）を課す

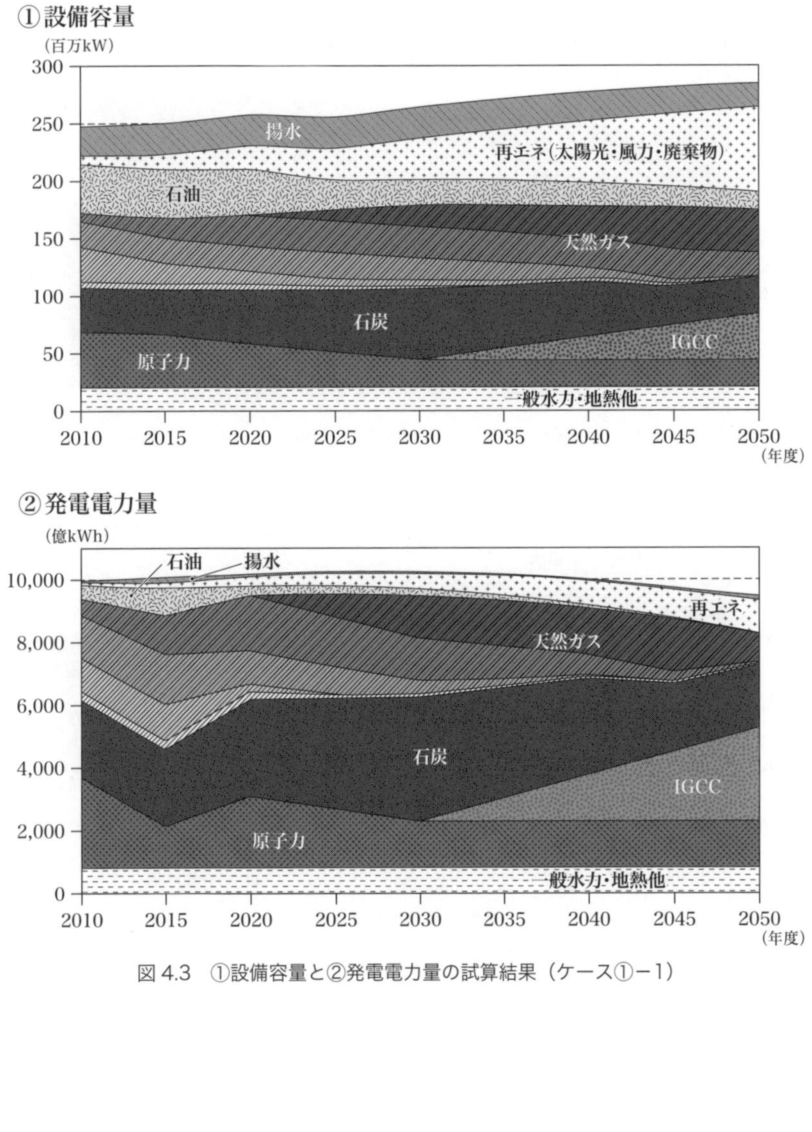

図 4.3　①設備容量と②発電電力量の試算結果（ケース①−1）

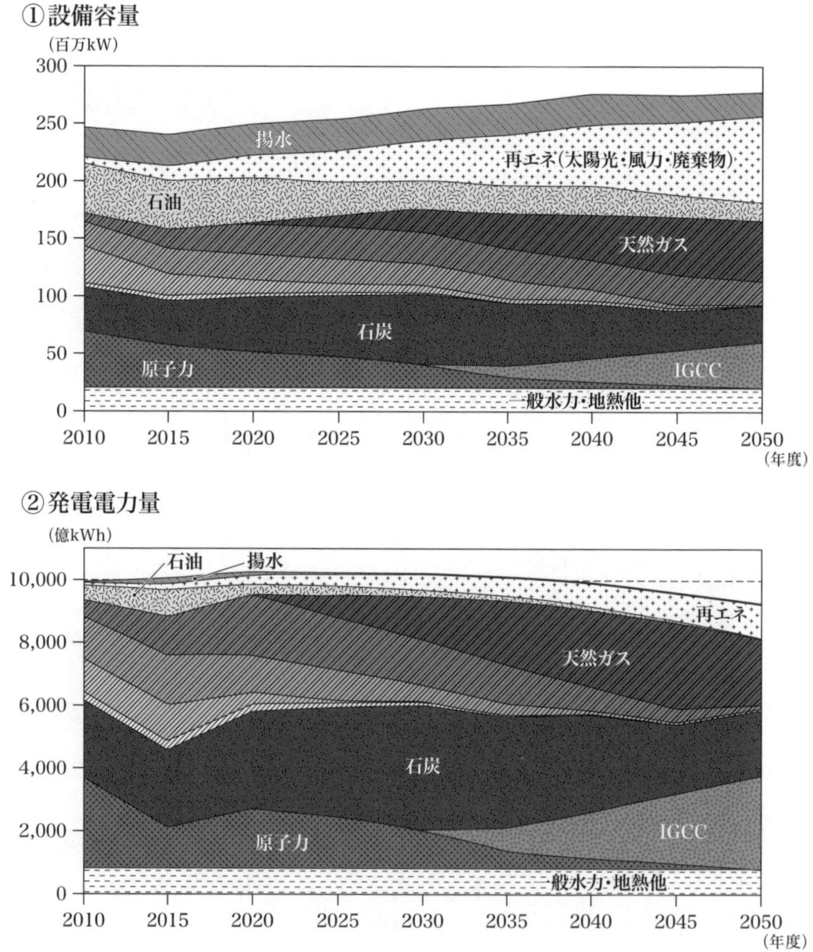

図4.4　①設備容量と②発電電力量の試算結果（ケース②－1）

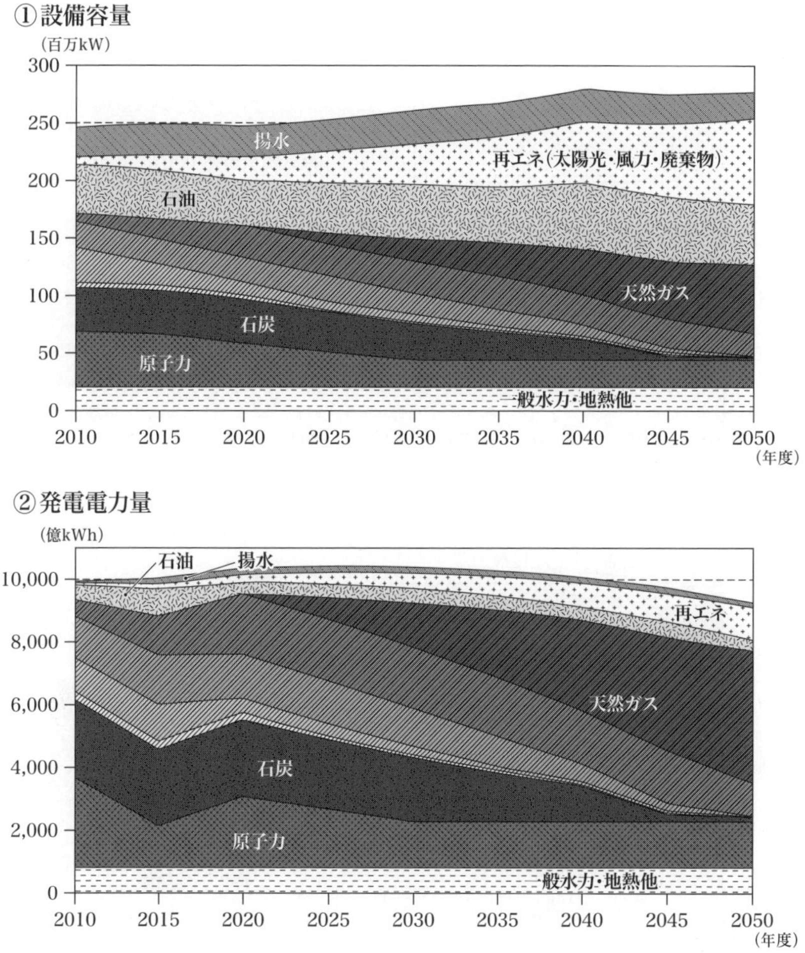

図 4.5 ①設備容量と②発電電力量の試算結果(ケース①−2)

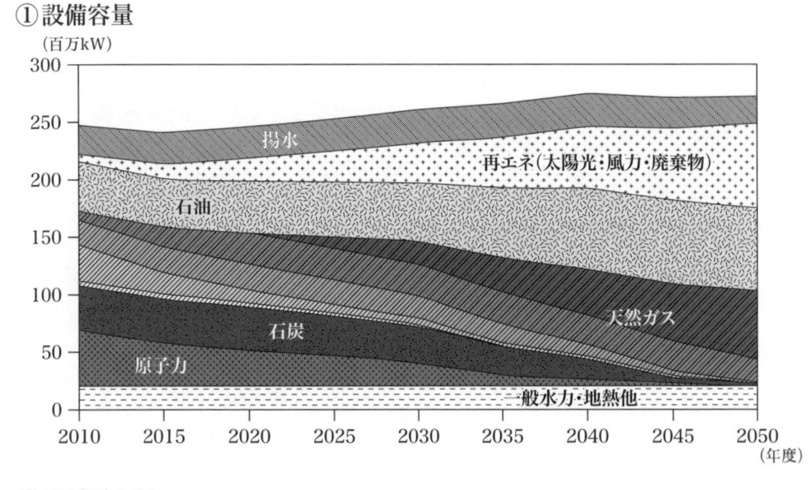

図 4.6　①設備容量と②発電電力量の試算結果（ケース②－2）

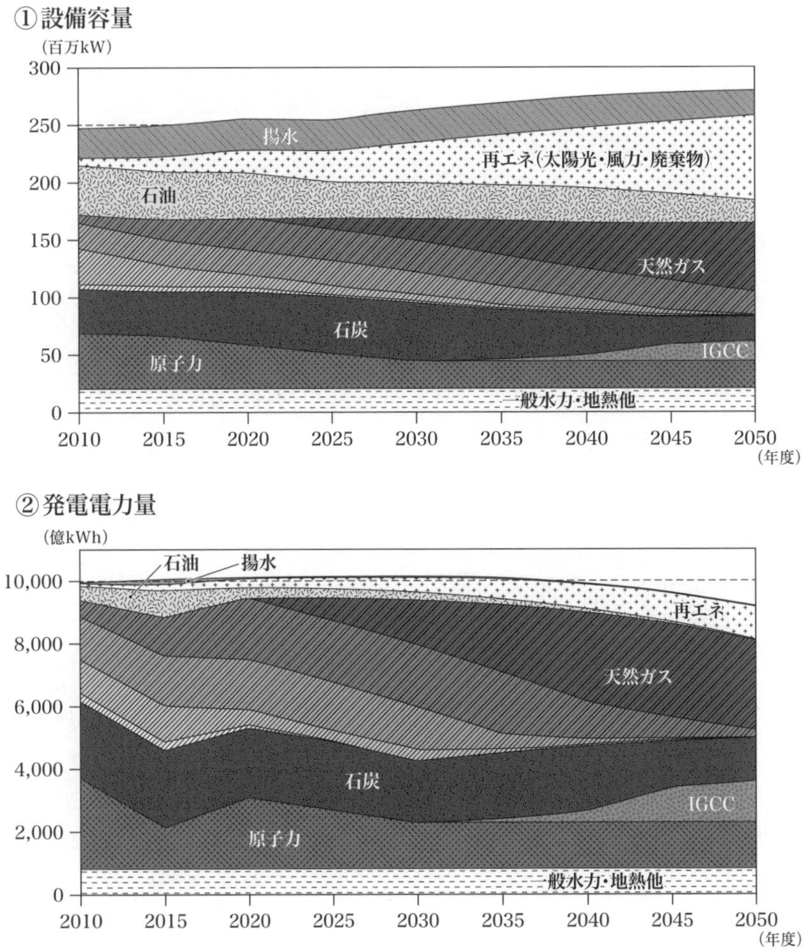

図 4.7　①設備容量と②発電電力量の試算結果（ケース①－3）

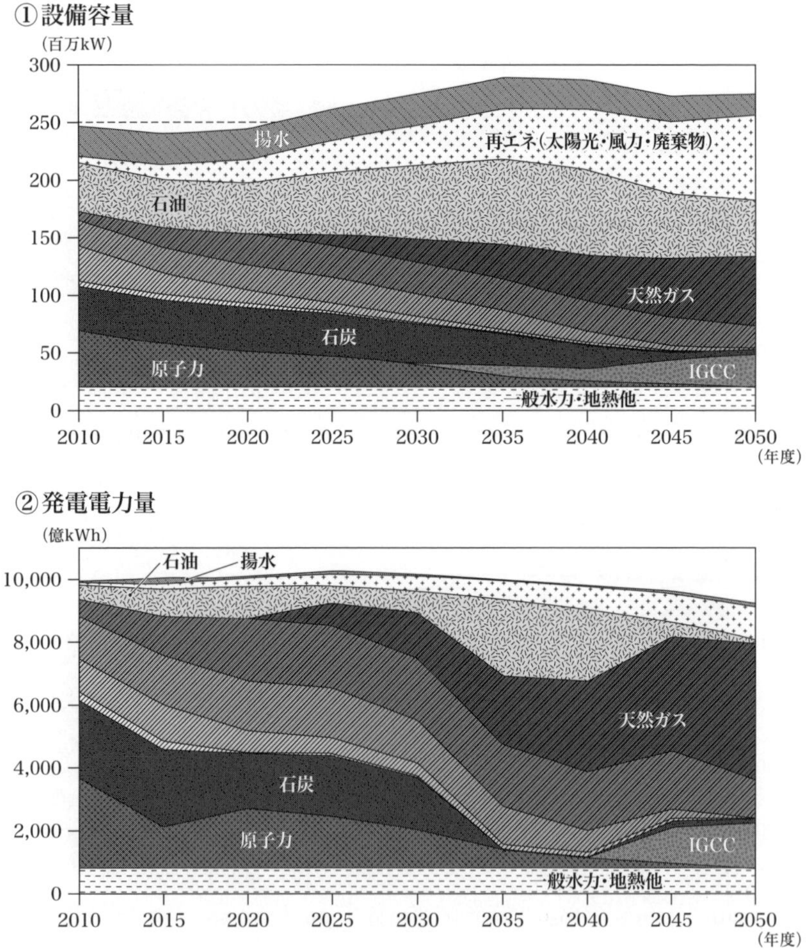

図4.8 ①設備容量と②発電電力量の試算結果（ケース②−3'）

格段に進むが、天然ガスへの依存度が急激に高まる。ケース②−2では、ケース①−2以上に天然ガスと石油への依存度が高まるため、CO_2 排出原単位は低下する反面、コストやエネルギーセキュリティの面で課題が生じる。ケース①−3では、石炭→天然ガスへの燃料転換により、比較的無理がない CO_2 削減が行われる。ケース②−3' では、特に2035～2040年にかけて、CO_2 削減のため石油火力を焚き増ししないといけなくなり、コスト上昇要因となる。

これら6つのケースにおける全電源平均の CO_2 排出原単位を図4.9～4.14に示す。石炭火力の割合が高いケース①−1やケース②−1では、CO_2 排出原単位はEVやPHVの充電が主に行われる夜間の方が大きくなってしまううえ、その絶対量も大きい。石炭火力の新設を禁止するケース①−2やケース②−2では CO_2 削減が進み、EVがHVに対して有利な水準に CO_2 排出原単位を維持できる。ケース①−3では、2040年までは夜間の CO_2 排出原単位が小さく、EVの深夜充電による CO_2 削減が効果的となる。ケース②−3' でも、夜間の CO_2 排出原単位は400 g/kWhを下回っており、EVによる CO_2 削減に適している。

次に、経済性やエネルギーセキュリティに関して考察する。図4.15は経済性の指標として各ケースの発電コストを、図4.16はエネルギーセキュリティの指標として各ケースのLNG消費量を示したものである。石炭火力の新設を禁止するケース①−2や②−2、および②−3' では発電コストが高騰するとともに、LNG消費量が高止まりする。一方、ケース①−3は、発電コストの上昇が、CO_2 制約がない場合と比べて小幅に抑えられているとともに、LNG消費量も長期的に減少方向に誘導できる。

以上の CO_2 削減、経済性、エネルギーセキュリティの3点を定性的にまとめた結果を表4.2に示す。ケース①−1やケース②−1は CO_2 排出原単位の面で問題があり、ケース①−2やケース②−2は経済性やエネルギーセキュリティの面でLNG消費量の高止まりという問題がある。同様にケース②−3' も課題が多く、3つの指標をすべて満足するのはケース①−3のみと考えられる。

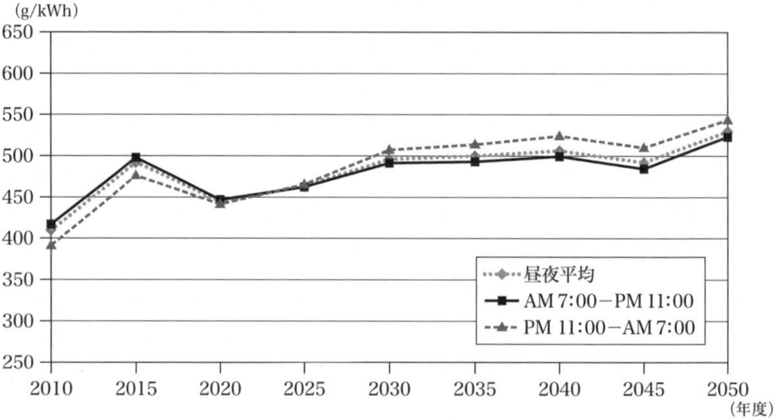

図 4.9　CO_2 排出原単位（ケース①－1）

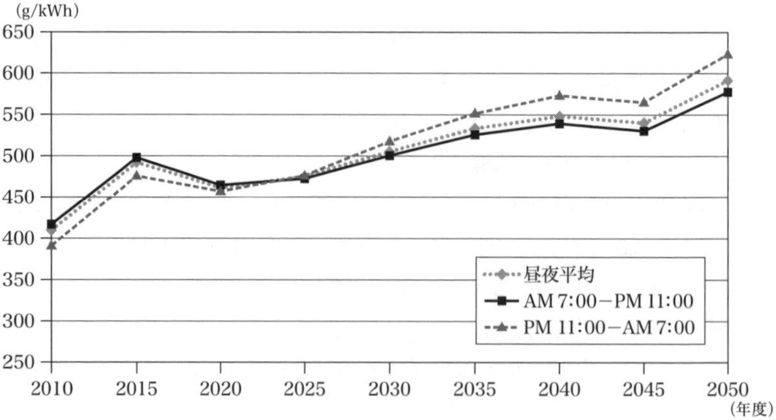

図 4.10　CO_2 排出原単位（ケース②－1）

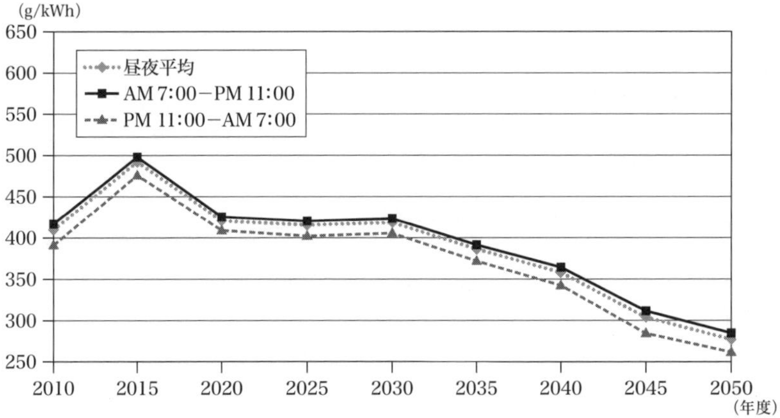

図 4.11　CO_2 排出原単位（ケース①−2）

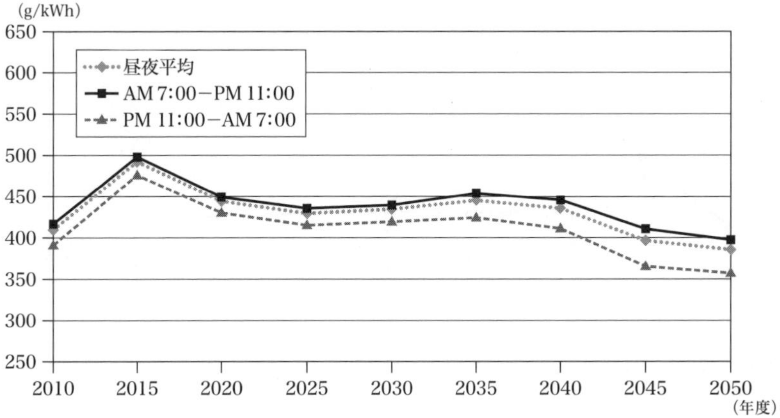

図 4.12　CO_2 排出原単位（ケース②−2）

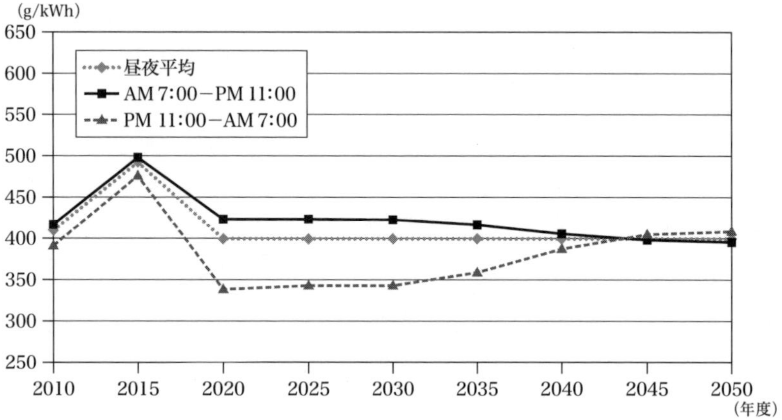

図 4.13 CO_2 排出原単位（ケース①－3）

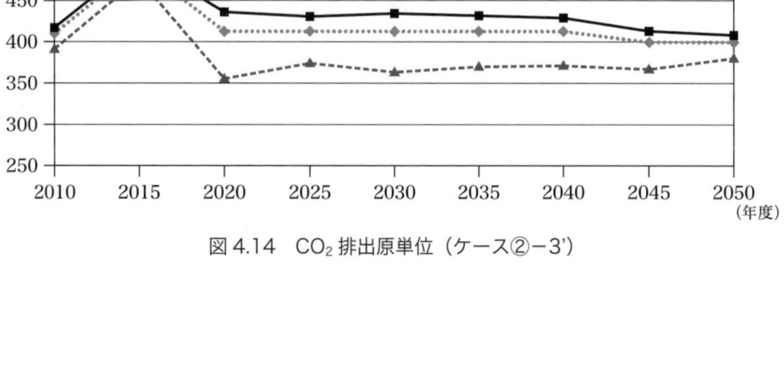

図 4.14 CO_2 排出原単位（ケース②－3'）

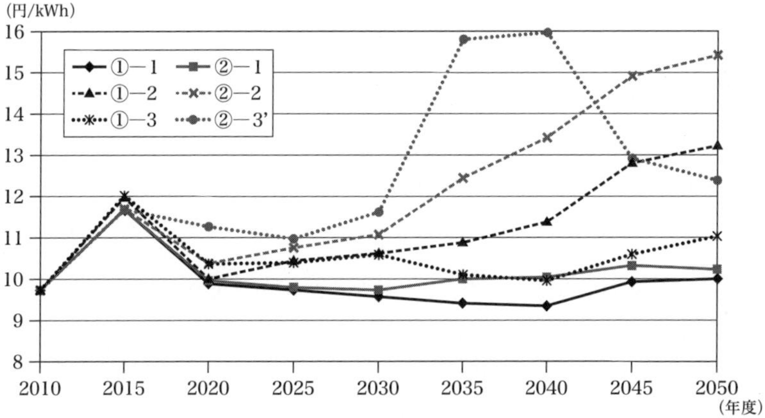

図 4.15　発電コスト（全ケース）

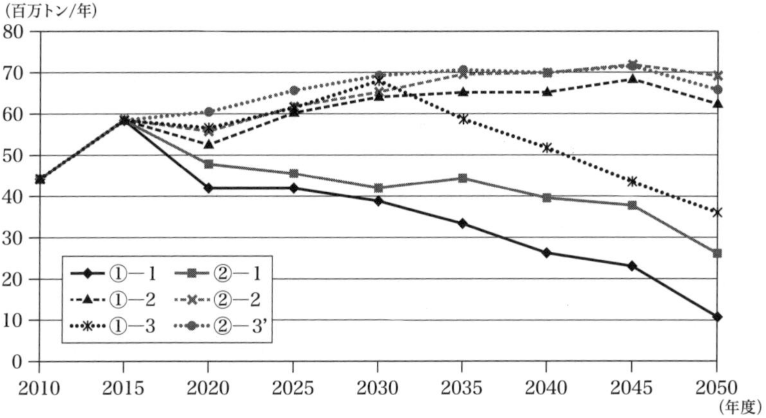

図 4.16　LNG 消費量（全ケース）

表 4.2 結果の要約表

ケース	設定条件		評価指標		
	原子力	CO_2 制約・発電設備制約	CO_2 排出原単位	発電コスト	LNG 消費量
①−1	半減維持	なし	×	○	○
②−1	撤退	なし	×	○	○
①−2	半減維持	石炭火力禁止	△	△→×	×
②−2	撤退	石炭火力禁止	△	△→×	×
①−3	半減維持	400 g/kWh	△	○	△→○
②−3'	撤退	400 g/kWh（一部 414 g）	△	×→△	×

注）表中の矢印は期間の前半から後半にかけて指標の評価結果が変化することを表す

以上の試算結果から得られるインプリケーションは次のようになると考えられる。原子力への依存度を段階的に下げると、半減シナリオでさえ、系統電力の CO_2 排出原単位は 2010 年水準より増加してしまう。一方、原子力から撤退する場合、コストやエネルギー安全保障を考慮して穴埋めに石炭火力を選択すると、EV と HV の走行時 CO_2 排出量がほぼ拮抗する水準までしか CO_2 排出原単位は下がらない。そこで、石炭火力への新設を禁止すると、CO_2 排出原単位は EV にとって有利な水準に維持できるものの、発電コストや LNG の大量消費の面で課題が残る。このように、震災以前の半分程度の規模の原子力発電の維持は不可欠であり、また、それに加えて、原子力の穴埋めがすべて石炭火力で行われないよう、400 g/kWh 程度の CO_2 排出原単位制約を置くことが、経済性とエネルギーセキュリティを総合的な観点から最も望ましいと考えられる。

2015 年 7 月に策定された現行の「長期エネルギー需給見通し」[7)]での 2030 年度における系統電力の CO_2 排出量と電力需要から求められる CO_2 排出原単位は 370 g/kWh となっており、電力業界各社が作る電気事業低炭素社会協議会も、この水準を「低炭素社会実行計画」の目標に設定している[8)]。この目標を達成できれば、EV は HV と比べて安定的に CO_2 削減となり得ると考えられる。

4.4 EV の可能性と課題

本章では、EV が HV と比べて安定的に CO_2 削減となり得るための条件として、電源構成は、①ある程度の規模の原子力発電の維持、②緩やかな CO_2 削減目標の設定による石炭火力への過度な依存の回避、の 2 つの条件をクリアすることが必要であることを示した。本章での試算結果に関する課題は、EV に関して JC08 電費と実際の電費の違いがどの程度かについての情報収集と、EV 特有の事情（補機動力のエネルギー消費が他の車種より多いのではないか）を精査することであると考えられる。

【参考文献】

1) 電気事業低炭素社会協議会、2017 年度 CO_2 排出実績（確報値）について、https://e-lcs.jp/news/detail/000169.html、2019
2) 高橋雅仁、永田豊、内山洋司、CO_2 排出抑制下での最適電源構成の分析、エネルギー・資源学会第 15 回研究発表会予稿集、pp.191-196、1996
3) IEA, World Energy Outlook 2012, International Energy Agency, 2012
4) エネルギー・環境会議、コスト等検証委員会報告書、2011
5) 電力中央研究所、2030 年までの産業構造・エネルギー需給展望、電力中央研究所報告 Y12033、2013
6) 資源エネルギー庁、再生可能エネルギーの導入見通しの内訳について、第 17 回基本問題委員会配付資料 3-2、2012
7) 資源エネルギー庁、長期エネルギー見通し関連資料、総合資源エネルギー調査会長期エネルギー需給見通し小委員会、第 11 回回合資料 3、2015
8) 電気事業低炭素社会協議会、低炭素社会実行計画、https://e-lcs.jp/plan.html、2015

第５章　電気自動車の道路走行特性の把握可能性

5.1　電気自動車（EV）の普及と走行特性

運輸部門における地球温暖化対策の一環として、電気自動車（以下、EV）の普及にも期待が高まっている。2009年より、わが国でも本格的にEVの販売が開始され、さまざまな視点から、その利用可能性の検討がなされつつある。バッテリーの容量制約から、現時点のEVには、走行距離や走行条件（ライト、エアコン使用時間など）に限界があり、それらをふまえた、従来車からEVへの利用転換可能性分析は喫緊の課題である。本研究では、EVの走行条件を詳細に考慮し得る「電気消費量推計式」を導き、従来にない高い精度でEV走行特性を把握する。また、同式を用いることにより、EVをプローブカーとした、道路走行特性の分析を、東名および新東名高速道路を対象に行う。これより、燃費（電費）の良い道路建設のあり方について考察を行うが、その視点も分析事例も十分な新規性のある方法論と見なせる。

5.2　EVの電気消費量推計式について

兵藤ら[1]で報告されているとおり、EVではギアチェンジがないため、車のエネルギー消費（電気消費）は、理論式で精度高く推計できることがわかっている。その推計式は、

$$E_s = M\cdot v\cdot \dot{v} + \frac{1}{2}\rho\cdot C_D\cdot A\cdot v^3 + M\cdot g\cdot \Delta h + \tau\cdot M\cdot g\cdot v \qquad \cdots(1)$$

ここで、Es：1秒当たり電気消費量［Wsec］、M：質量［kg］、v：速度［m/s］、$\dot{v}$：加速度［m/s^2］、ρ：空気密度1.24［kg/m^3］（10℃を仮定）、C_D：空気抵抗係数、A：車体投影面積［m^2］、g：重力加速度9.8［m/s^2］、Δh：1秒間の標高差［m］（非負とする）、τ：転がり抵抗係数、である。本分析では、東京海洋大学がリース契約している、三菱自動車の「i-MiEV」を用いるため、その諸元値として、

車両重量M＝1,100［kg］、C_D＝0.37、A＝2.14、τ＝0.015

を用いる（分析時には、当然、Mに乗車人数などの重量が加わる）。

5.3　東名・新東名高速道路における走行データの取得

2012 年 4 月 14 日に、全長 162 km におよぶ新東名高速道路が開通した。同高速道路は、最大勾配が 3%、最小曲率半径も 3,000 m と、走行環境に優れた高規格の道路である。そのため、現東名高速道路に比して、燃費（EV を用いる本分析では、以下「電費」と称する）が高いことが期待される。

走行は、2012 年5月9日（水）と、6月25日（月）の2日間実施した。以降、各々の走行を、『509』『625』と称する。ともに東京海洋大学を発地とし、いなさ IC で一旦高速道路を降り、再び同 IC から高速道を利用している。509 は時計回り（東名を西向きの後、新東名を東向き走行）、625 は反時計回り（新東名を西向きの後、東名を東向き走行）である。本分析では、東名（TM）と新東名（NTM）の並行区間を比較検討するため、分析対象は、御殿場 JCT～いなさ IC とする。合計、4 パターンの走行経路が得られたが、それぞれを図 5.1 のとおり、『509TM』などと称する。なお、509 の車両総重量は 1,285 kg（3 名乗車）、625 は 1,170 kg（1 名乗車）である。

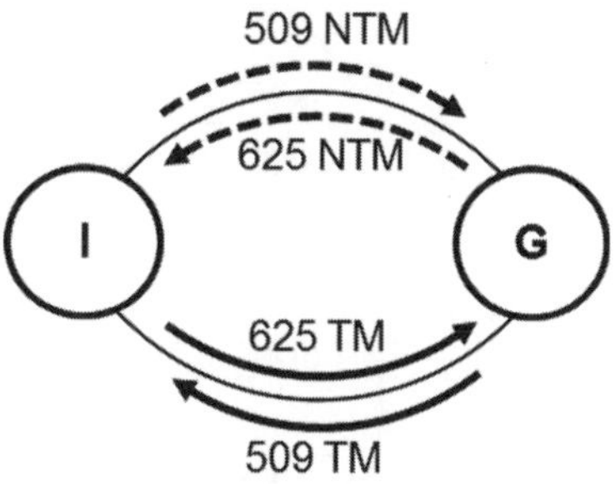

図 5.1　4 種類の走行パターン
（G：御殿場 JCT、I：いなさ IC）

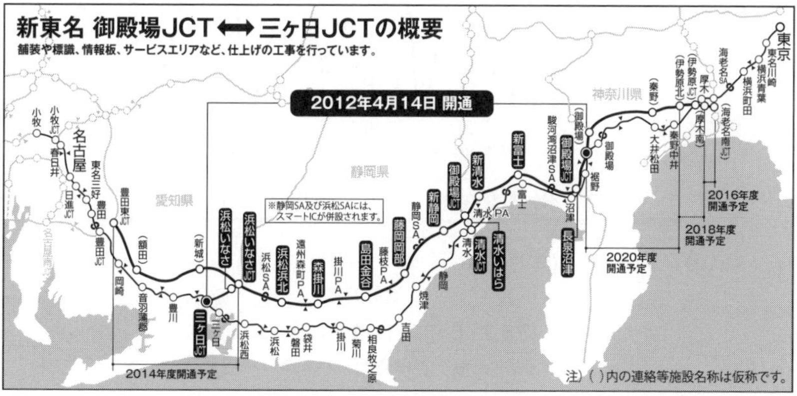

図 5.2　新東名高速道路の概略
御殿場 JCT からいなさ IC 間で調査を行った。（出所：NEXCO 中日本資料）

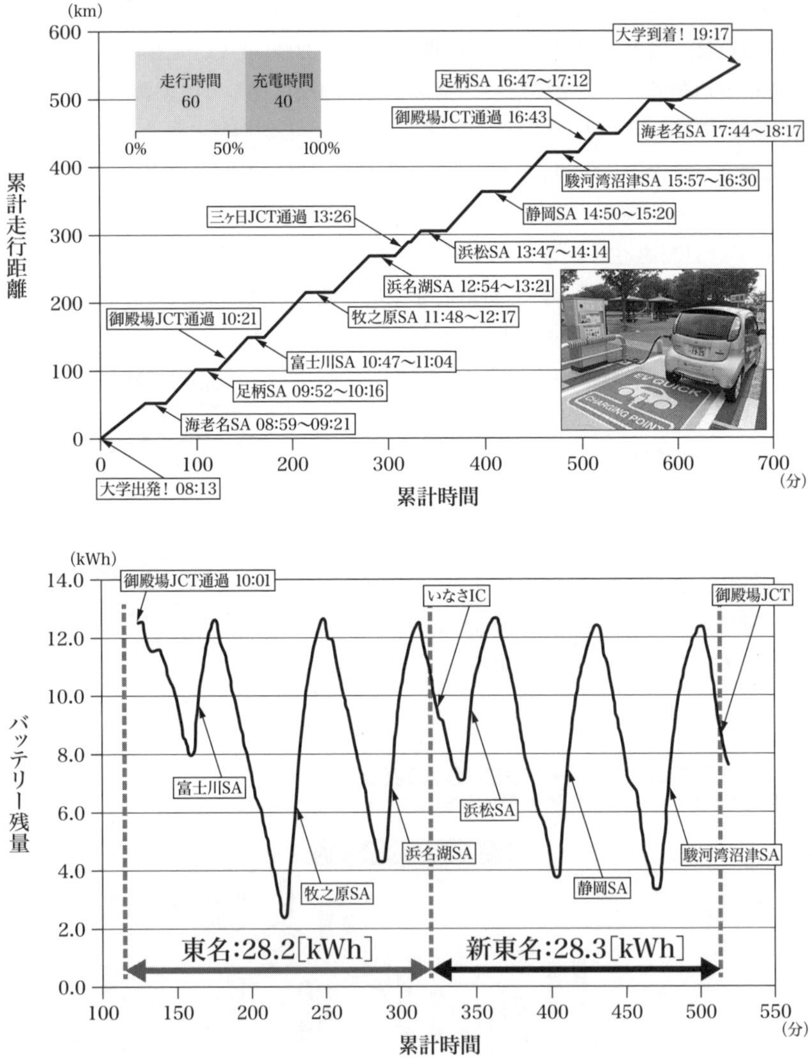

図 5.3　５月９日の走行パターン
（左は時間－距離、右は時間－バッテリー残量）

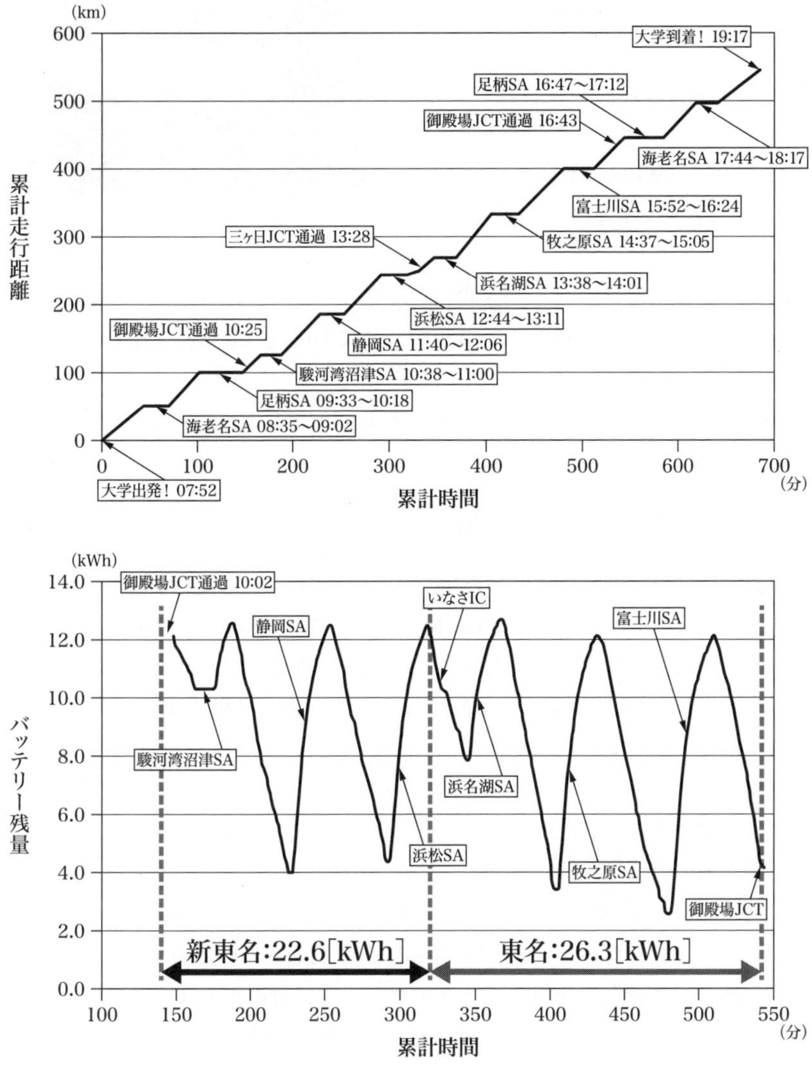

図 5.4　6 月 25 日の走行パターン
（左は時間－距離、右は時間－バッテリー残量）

兵藤ら[1)]で検討されているとおり、1秒間隔で緯度・経度・標高を計測可能な簡易なGPSロガーを用いても、6～7秒の移動平均を推計すれば、十分な精度の速度や加減速値が得られることが確認されているので、今回は同じ簡易GPSロガー（Wintec社製のWBT-202）を用いて、7秒の移動平均で速度・加速度・標高を推計した。

写真5.1　調査に臨む筆者ら

新東名高速道路はトンネル区間が少なくないので、GPS信号も途絶えてしまう。そのため、本分析では、GPS信号の欠損区間は線形補完を行うこととした。

2日間の走行軌跡と、1分単位で得られるバッテリー消費の実測値などを図5.3～5.4にまとめる。

5.4　電気消費量の推計結果について

電気消費量推計式（前記式(1)）を、得られた秒単位の走行パターンに当てはめ、各消費項を推計した。なお、回生による充電項は、下り勾配による回生のみを考慮し、$\Delta h<0$の場合に、$M \cdot g \cdot \Delta h$を推計した。結果を図5.5～5.8に示す。なお、Acc：加速抵抗、Air：空気抵抗、Pot：勾配抵抗、Rol：転がり抵抗、Reg：回生項、W：観測値　である。

結果から、観測値が小さい値を示す時間帯では、回生項の値が大きく、回生による充電効果が計測されていることが推察される。特に、新東名高速道路では、回生項の値が相対的に大きいことが見て取れる。これは、勾配値そのものは、新東名は小さいが（緩勾配であるが）、勾配が継続する区間長が長いことに起因すると思われる。（株）高速道路総合技術研究所の協力で、分析対象区間の縦断勾配や標高値を得ることができたので、御殿場JCTから三ヶ日付近までの標高を図5.9にまとめた。図から、新東名は勾配が変化する箇所数が少ないが、山側を縦断するため、勾配が継続する区間が長いことがわかる。

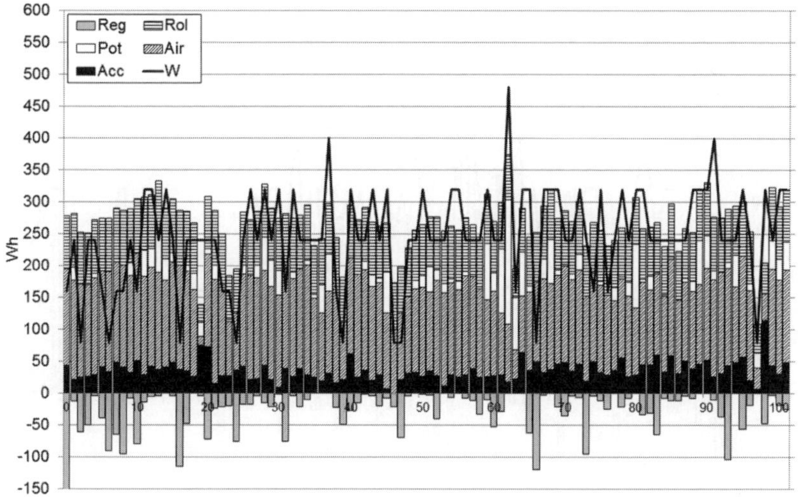

図 5.5　5 月 9 日・東名・西向き（509TM-W）の項目別推計消費量と観測値

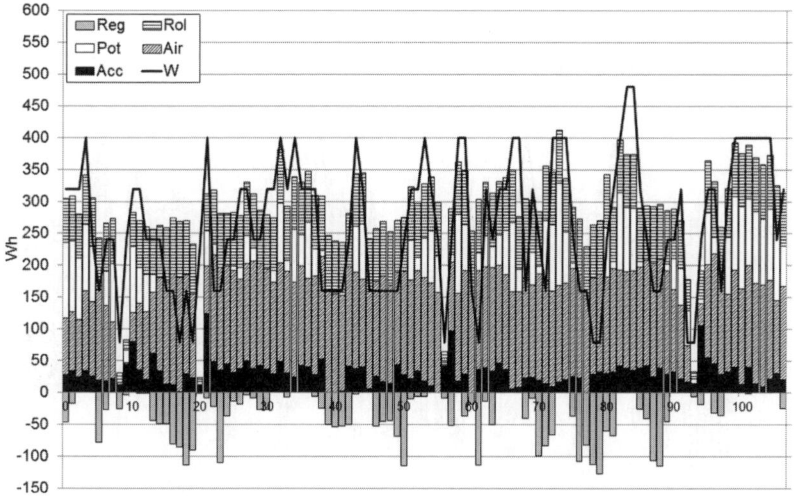

図 5.6　5 月 9 日・新東名・東向き（509NTM-E）の項目別推計消費量と観測値

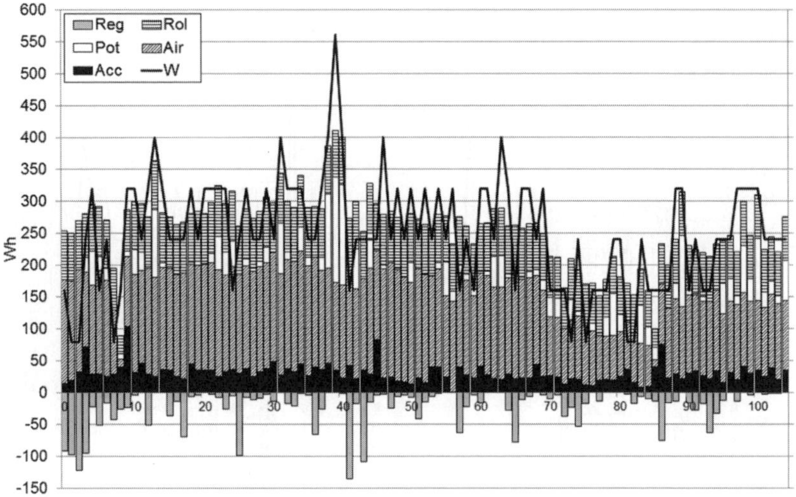

図 5.7　6 月 25 日・東名・東向き（625TM-E）の項目別推計消費量と観測値

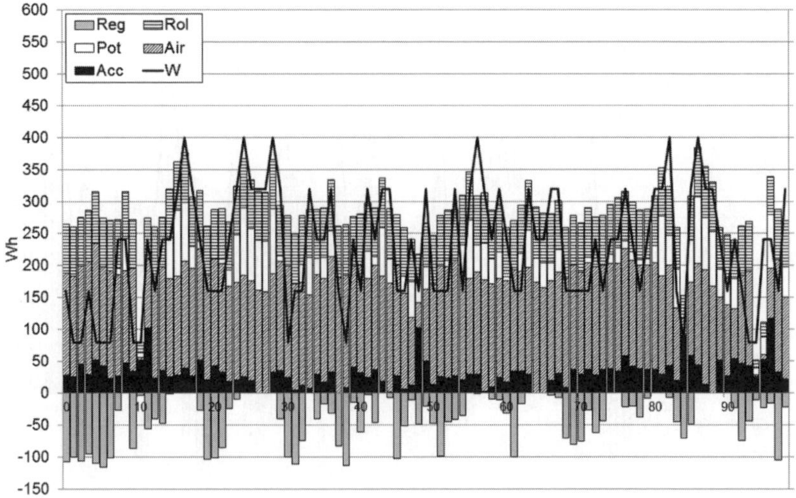

図 5.8　6 月 25 日・新東名・西向き（625NTM-W）の項目別推計消費量と観測値

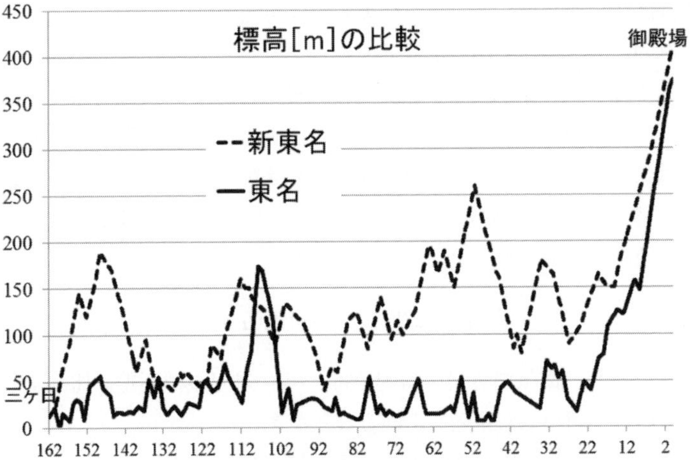

図 5.9　御殿場 JCT から三ヶ日間の標高

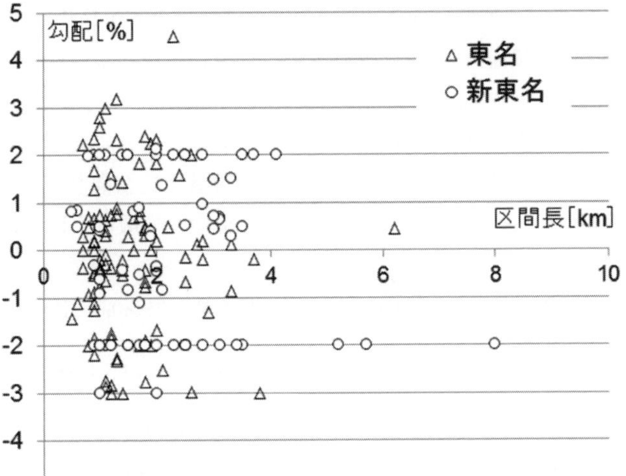

図 5.10　東名・新東名の勾配出現頻度の比較
（横軸は御殿場 JCT 起点の km）

同じ勾配が連続する区間を1サンプルとした、勾配と区間長のデータを作成し、それをプロットしたのが図5.10である。これを見ても、新東名は同一勾配の連続区間長が長いこと、また、東名では勾配変化の区間長が短く、変化回数が相対的に大きいことがわかる。

これはすなわち、東名では、道路勾配の凸（crest）と、凹（sag）部分が多く、それに伴う加減速が新東名に比して生じやすいことを意味している。そのため、電気消費量の加速項の累積値は、東名は新東名よりは大きくなることが想像される。また、図5.10で示したデータを用いて、区間長を重みとして、勾配絶対値の「平均勾配」を計算したところ、

東名：1.27%　　　新東名：1.49%

となる。つまり、電気消費量の勾配項は、昇り勾配の標高差に比例するので、その累積値は、新東名が東名を上回ることが考えられよう。

2日間の走行を、東名・新東名に分け、合計4走行パターンについて、その走行速度のプロフィールを算出する。まず、時速60 km以上の走行データを抽出し、秒単位の速度の頻度分布を図にした（図5.11）。5月9日と、6月25日では、主な運転者が異なっている（前者が渡部、後者が兵藤）。それが原因か、6月25日は比較的高速走行域が多い。しかし共通しているのは、新東名では東名よりは高速で走行されていることであろう。また、6月25日の東名東向き（625TM-E）の86［km/h］付近に小さなピークがあるが、これは富士川SA手前で充電量が底を打ちそうになり、速度低下を余儀なくされたためである。図5.11で示される4パターンの速度の平均・分散は、以下のとおりとなった。

509NTM-E：$(94.4, 5.57^2)$, 509TM-W：$(90.0, 7.51^2)$、

625NTM-W：$(95.8, 6.60^2)$, 625TM-E：$(90.6, 8.18^2)$

同様に、時速60 kmの走行データの加減速出現頻度も算出した（図5.12）。前述のとおり、新東名のトンネル区間はGPS信号途絶のため、線形補完を行っており、加速度は0となる。そのため、新東名の0の出現頻度が高いが、運転した経験からは、トンネル区間も殆どで定速走行していたため、東名より加減速が少ない傾向にはあると考えられる。

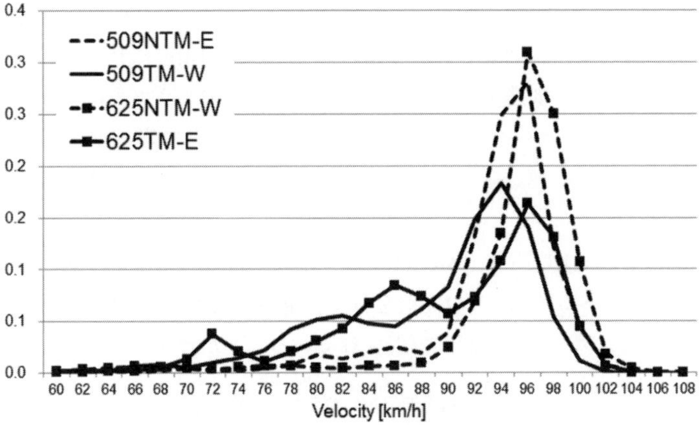

図 5.11　４走行パターンの速度の頻度分布
（秒単位、速度 60［km/h］以上）

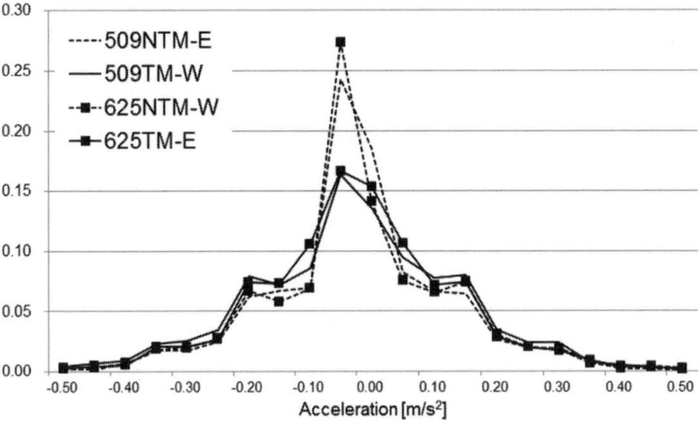

図 5.12　４走行パターンの加減速の頻度分布
（秒単位、速度 60［km/h］以上）

5.5　電気消費量推計式の修正モデル推定と電費に関する考察

兵藤ら[1)]でも検討されているが、推計された電気消費量の５つの項は、理論式であり、実際にはモーメントの影響や、設定した係数値（転がり係数や、空気密度など）が当日の実条件とずれていることも想定されるので、観測値を用いて各項の修正パラメータを推定する。特に、東名と新東名では、舗装条件

（微細な凹凸や、路面摩擦条件など）が異なるので、転がり抵抗の係数が異なると思われる。また、前述したように、ドライバーの相違に基づいて走行プロフィールが異なり、加速項や空気抵抗項の出現頻度のバラツキに差異があったとしても、修正パラメータの推定結果には、それらの相違は反映されないため、道路走行特性の違いを、修正パラメータの推定結果から類推することができると考える。

推定結果を表 5.1 に示す。Model-0 は、東名・新東名の差を考慮しないケースで、Model-1～5 では、5 つの項を各々、東名・新東名に分離して推定した。結果より、高い精度で観測値が再現されていることがわかる。

表 5.1　修正モデルのパラメータ推定結果

		Model-0	Model-1	Model-2	Model-3	Model-4	Model-5
加速 X_1	共通	1.219 (8.3)		1.209 (8.3)	1.227 (8.3)	1.221 (8.3)	1.203 (8.2)
	新東名		1.080 (6.6)				
	東名		1.375 (8.2)				
空気 X_2	共通	0.6855 (4.3)	0.7498 (4.6)		0.7310 (4.4)	0.8197 (4.9)	0.7621 (4.7)
	新東名			0.7524 (4.7)			
	東名			0.8667 (5.0)			
勾配 X_3	共通	1.232 (14.5)	1.266 (14.6)	1.297 (14.8)		1.293 (14.7)	1.251 (14.7)
	新東名				1.172 (11.7)		
	東名				1.303 (12.3)		
転がり X_4	共通	1.431 (4.3)	1.278 (3.7)	1.157 (3.3)	1.345 (3.9)		1.281 (3.8)
	新東名					1.032 (2.8)	
	東名					1.234 (3.6)	
回生 X_5	共通	1.160 (12.5)	1.134 (12.1)	1.101 (11.7)	1.163 (12.5)	1.108 (11.8)	
	新東名						1.284 (12.3)
	東名						0.9591 (7.9)
調整済決定係数		0.9534	0.9537	0.9541	0.9534	0.9540	0.9539
サンプル数		440					

東名と新東名の推定パラメータの違いを確認すると、いずれのケースでも、新東名の電力消費量が東名より小さくなる傾向になっていることがわかる。もし、東名・新東名の転がり抵抗の相違を前提とすれば、Model-4 の推定結果から、新東名の転がり抵抗は、1.032/1.234＝0.84 となり、約 16％の電気消費量削減効果があると見なせる。その一方で、新東名は平均勾配が東名より大きな値となっていた。その影響を考察するため、両道路の東向き・西向き別に、分析区間の昇り勾配の累積値を算出した（図 5.13)。これより、新東名は東名と比べ、東向きで 4.5％、西向きで 3.9％、累積昇り標高を有することがわかる。つまり、(1)式の勾配項の値は、新東名が約 4％大きくなる。さらに、回生項と勾配項のパラメータ比（1.108/1.298＝0.86）から、回生ブレーキにより昇り勾配で失われたエネルギーの 8 割以上が再充電されていることが伺える。

なお、距離の数値は NEXCO が公表している次の高速道路キロポスト値を用いる。

新東名：御殿場 JCT－144.6 －浜松いなさ JCT－1.67－浜松いなさ IC：
　　　　計 146.27 km
東　名：御殿場 JCT－167.0－三ヶ日 JCT－10.98－浜松いなさ IC：
　　　　計 177.98 km

走行距離に NEXCO 公表のキロポスト値を用いて、観測された電気消費量から電費を算出すると表 5.2 のとおりとなる。5 月 9 日は東名が御殿場からの下

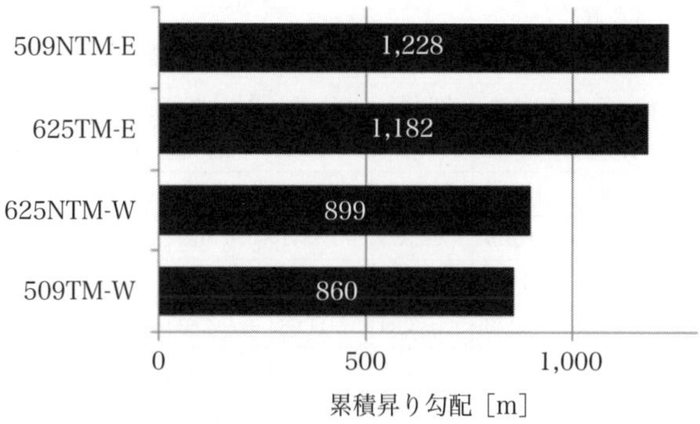

図 5.13　4 走行パターンの累積昇り勾配値

表 5.2　観測された電気消費量と電費の推計値

	観測値	走行距離	電　費
	kWh	km	km/kWh
625NTM-W	22.6	146	6.46
509TM-W	25.1	178	7.09
509NTM-E	28.3	146	5.17
625TM-E	26.3	178	6.76

表 5.3　三人乗車（5 月 9 日）を前提とした推計電気消費量

	加　速	空　気	勾　配	転がり	回　生	合　計	距　離	電　費
	X_1	X_2	X_3	X_4	X_5	kWh	km	km/kWh
625NTM-W	3.22	14.56	3.15	7.92	−4.02	24.82	146	5.90
509TM-W	4.37	15.87	3.01	9.69	−4.11	28.83	178	6.17
509NTM-E	3.19	14.60	4.30	8.23	−3.18	27.14	146	5.39
625TM-E	4.30	16.12	4.14	9.75	−3.02	31.29	178	5.69

表 5.4　Model-0 による修正電気消費量

	加　速	空　気	勾　配	転がり	回　生	合　計	距　離	電　費
	X_1	X_2	X_3	X_4	X_5	kWh	km	km/kWh
修正係数	1.2190	0.6855	1.2319	1.4310	1.1603			
625NTM-W	3.92	9.98	3.87	11.33	−4.67	24.44	146	5.99
509TM-W	5.33	10.88	3.71	13.87	−4.77	29.01	178	6.14
509NTM-E	3.89	10.01	5.29	11.78	−3.69	27.29	146	5.36
625TM-E	5.24	11.05	5.09	13.95	−3.50	31.83	178	5.59

表 5.5　Model-4 による修正電気消費量

	加　速	空　気	勾　配	転がり	回　生	合　計	距　離	電　費
	X_1	X_2	X_3	X_4	X_5	kWh	km	km/kWh
NTM 修正係数	1.2206	0.8197	1.2933	1.0323	1.1079			
TM 修正係数	1.2206	0.8197	1.2933	1.2341	1.1079			
625NTM-W	3.93	11.93	4.07	8.18	−4.46	23.65	146	6.19
509TM-W	5.33	13.01	3.89	11.96	−4.56	29.64	178	6.01
509NTM-E	3.90	11.97	5.56	8.50	−3.52	26.40	146	5.54
625TM-E	5.25	13.21	5.35	12.03	−3.35	32.50	178	5.48

りとなるため、新東名より高い電費となる。6 月 25 日は新東名が下りであるにもかかわらず、東名の電費が新東名を上回っている。これは新東名の実走行平均速度が高いことに起因すると思われる。

さて、乗車人数が異なるため、表 5.2 の結果からは、両日間の比較を行うことができない。さらに、図 5.13 などで確認したように、両日で運転者も異なる。そこで、記録された 4 つの走行パターンを用いて、乗員重量を 5 月 9 日の値とし、電気消費量を式(1) や、推定された修正パラメータを用いて推計することを試みる。表 5.3 は修正なしで、表 5.4 は表 5.1 の Model-0、表 5.5 は Model-4 を適用した結果である。東名・新東名で、転がり抵抗のパラメータが異なるモデルを用いると、西向きで、6.19/6.01＝1.03、東向きで、5.54/5.48＝1.01 となり、わずかに新東名の電費が東名を上回ることが推察される。しかしながら、運転プロファイルが異なっているので、これをもって新東名の東名に対する電費向上率が示されるわけではないことには注意が必要である。

5.6　おわりに

本分析では電気消費量推計式に基づき、EV を、道路走行条件を把握するプローブカーとして用いる可能性について検討を行った。構築した修正モデルより、電気消費量を高い精度で推計できることが確認され、それを東名・新東名高速道路に適用することで、その走行特性の相違について考察することができた。しかしながら、得られた 2 日間のデータだけでは十分な精度が担保されているとは言い難いため、今後、さまざまな道路条件における複数回の走行データを収集し、モデルの精度をより高める必要があると言える。

【謝辞】

末筆ではあるが、データ取得とデータ解析に協力頂いた東京海洋大学の渡部大輔准教授、道路関連情報を提供頂いた（株）高速道路総合技術研究所の山本隆氏に謝意を表する。

5 章　Appendix　電気自動車の平均速度と電気消費量の関係

EV のエネルギー消費（電気消費）は、以下の式であった。

$$E_s = M \cdot v \cdot \dot{v} + \frac{1}{2}\rho \cdot C_D \cdot A \cdot v^3 + M \cdot g \cdot \Delta h + \tau \cdot M \cdot g \cdot v \qquad \cdots(1)$$

ここで、Es：1 秒当たり電気消費量［Wsec］、M：質量［kg］、v：速度［m/s］、$\dot{v}$：加速度［m/s^2］、ρ：空気密度 1.24［kg/m^3］（10°C を仮定）、C_D：空気抵抗係数、A：車体投影面積［m^2］、g：重力加速度 9.8［m/s^2］、Δh：1 秒間の標高差［m］（非負とする）、τ：転がり抵抗係数。

一連の分析では、三菱 i-MiEV を用いるため、その諸元値として、

車両重量 M=1,100［kg］、C_D=0.37、A=2.14、τ=0.015

を用いている（分析時には、当然、M に乗車人数などの重量が加わる）。

さて、ここで、加減速や勾配抵抗を考えず、平地を一定速度で走行する「平均速度」を考えてみる。(1) 式は、1 秒当たりの電気消費量なので、1 秒間の移動距離 v［m］で除せば、距離当たりの電気消費量を得る。すなわち、

$$W/m = \frac{1}{2}\rho \cdot C_D \cdot A \cdot v^2 + \tau \cdot M \cdot g \qquad \cdots(2)$$

なので、電力消費単位を［Wh］、速度を［km/h］に直し、M=1,200［kg］など各パラメータを代入すれば、

$$Wh/km = 0.01052v^2 + 49 \qquad \cdots(3)$$

という二次関数になる。

では、実データではどのような関係が観測されるであろうか。東京海洋大学が 2009 年よりリース契約している車両は、毎分のバッテリー残量に加えて、「平均速度」「最高速度」「最低速度」がパルス計測と GPS 計測の二種類記録される。計測が開始された 2010 年 2 月から 2013 年 1 月末までの 3 年間のデータのうち、以下の条件を満たすデータを抽出した。

① 分単位で連続していること

② 平均時速が 5［km/h］以上であること

③ 回生による充電が認められない（バッテリー残量が増加していない）こと

その結果、合計 18,095 分のデータを得た。その走行位置を図 5.A.1 に示す。東名・新

東名区間を確認できるが、それ以外の長距離走行が少ないことがわかる。通常は、同車両は専ら、越中島キャンパスと、品川キャンパスの教員の移動に使用されている。

さて、抽出したデータから、速度（時速）と距離当たりの消費電力量をプロットすると、図 5.A.2 のとおりとなる。6 〜 7 本の連続した曲線が認められるのは、計測されるバッテリー残量が、0、80、160、240、320、400… ［Wh］の離散的な数であることに起因する。この図からは、(3)式とは異なり、右下がりの関係式が想像される。これは本データが実走行であり、1 分単位であることから、特に低速域で加速抵抗が相対的に大きく計測されるためであろう。

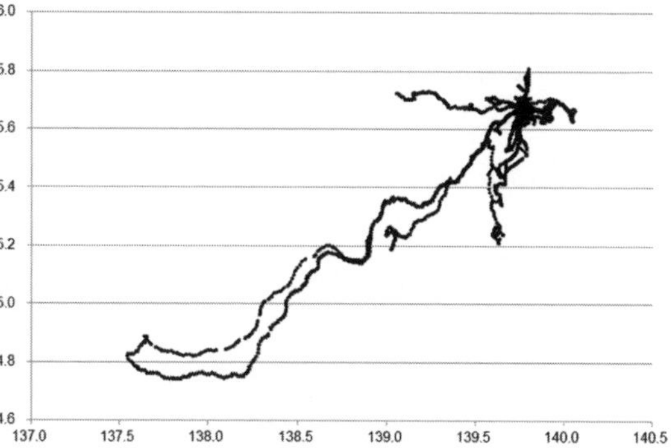

図 5.A.1　抽出データの走行位置
（横軸：経度、縦軸：緯度）

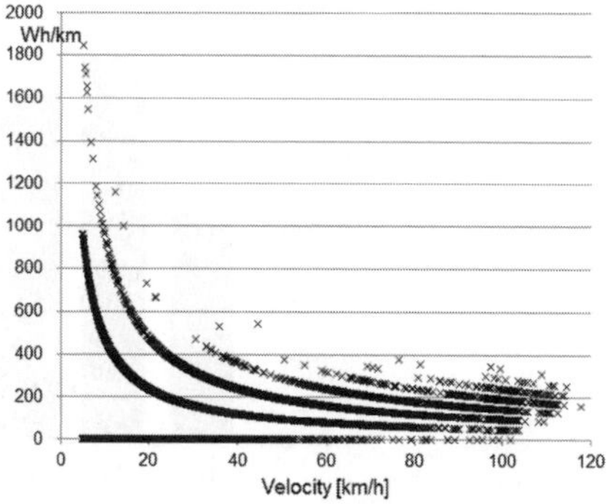

図 5.A.2　抽出データの速度－距離当たり電気消費量の関係

そこで、パルス計測の各分の「平均速度」「最高速度」「最低速度」を用いて、速度バンド値を以下の式で定義する。

$$\beta_n = \frac{v_n^{\max} - v_n^{\min}}{v_n^{mean}} \quad \cdots(4)$$

この値の頻度分布は図 5.A.3 のとおりであるが、2 以上の値が半分以上であり、計測された 1 分以内の速度には大きな大小差が含まれるケースが多いことが認められる。平均速度を定義した (3) 式では、一定速度を仮定していたため、次に、速度バンド値の上限を定め、速度差が小さい（速度バンド値が小さい）サンプルのみを抽出し、図 5.A.2 と同様の、速度－距離当たり電気消費量の関係を調べてみる。

バンド値が小さくなるに従い、速度差の大きなデータが除外され、一定速度走行データが支配的になるため、徐々に低速度域サンプルが少なくなり、相対的に右上がりの関係式が浮かび上がってくることが分かる。バンド値の上限を、4、3、2、1 としたときの、速度 5［km/h］ごとの距離当たり消費電気量の平均値を推計し、プロットしたのが図 5.A.5 である。

結果より、速度バンド値が十分小さい値では、理論式である (3) 式に値が収束していくことが推察される。つまり、「一定速度走行」においては、消費電気量は速度に関して、理論通り、転がり抵抗を切片に持つ二次増加関数に従う。しかしながら、速度が低下するにしたがい、「一定速度走行」の前提は満たされにくくなり、加速抵抗値が相対的に増大するため、二次関数からの乖離が大きくなる。

そもそも、実走行における「平均速度」には速度のバラツキが多少なりとも含まれるため、その定義は極めて曖昧にならざるを得ない。「平均速度－距離当たり消費電気量」が 1 本の曲線で表現されるという想定は、現実にはあまり意味がないと言えるだろう。

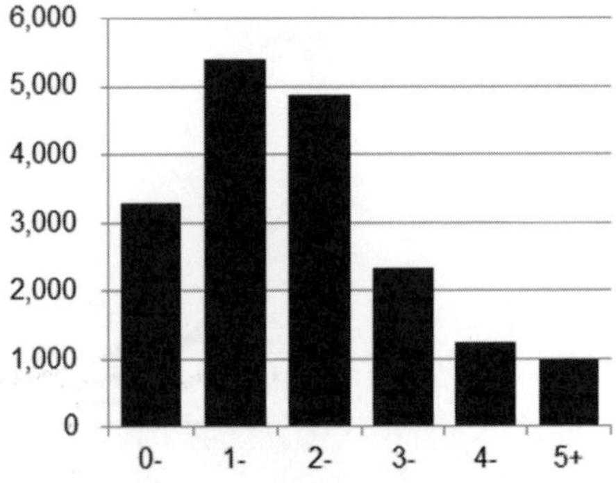

図 5.A.3　速度バンドの頻度分布

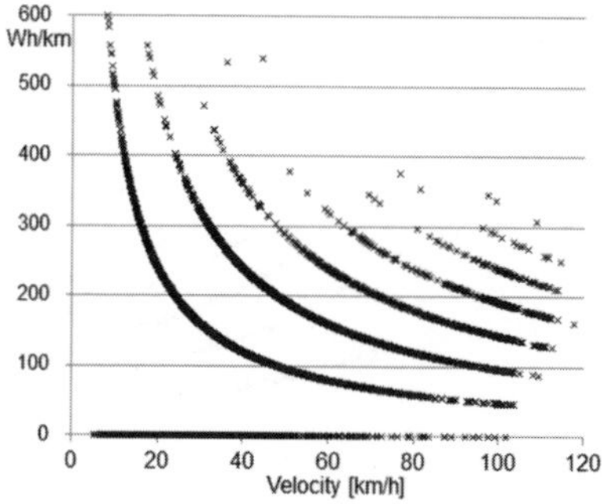

図 5.A.4（a）　β＜4.0（N＝8,619）

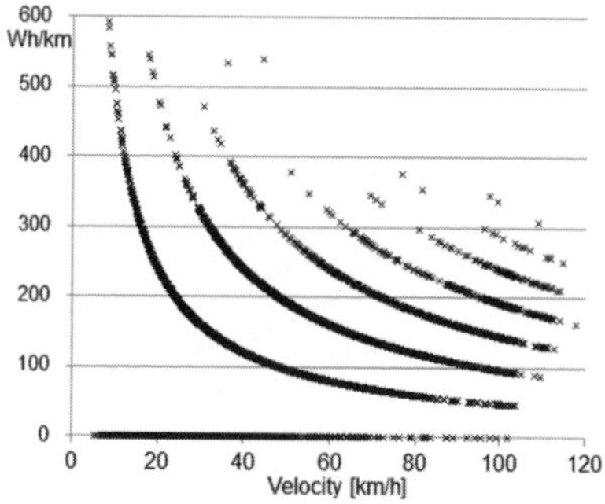

図 5.A.4（b）　β＜3.5（N＝7,018）

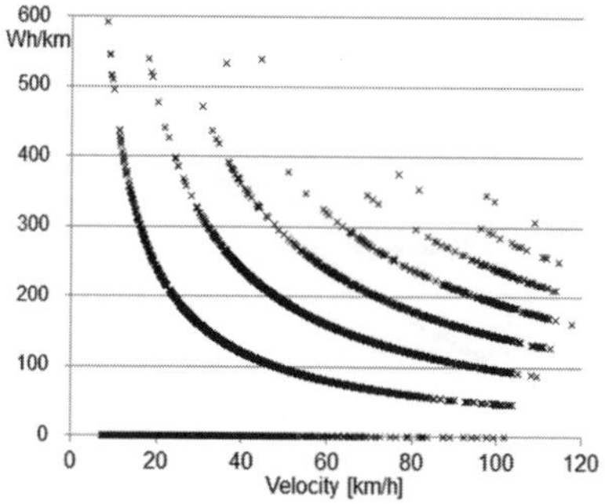

図 5.A.4（c）　β＜3.0（N＝5,296）

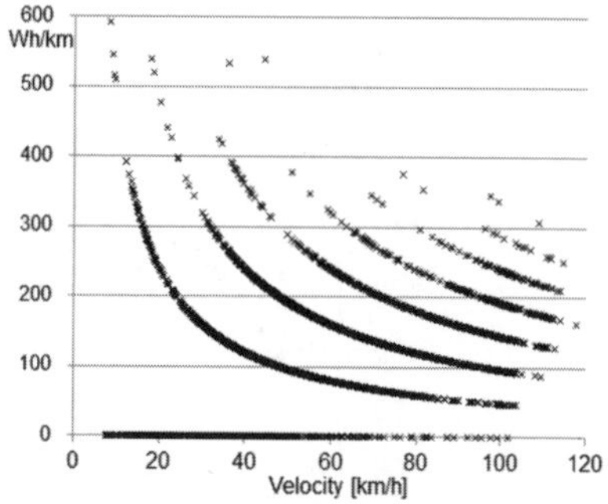

図 5.A.4（d）　β＜2.5（N＝4,056）

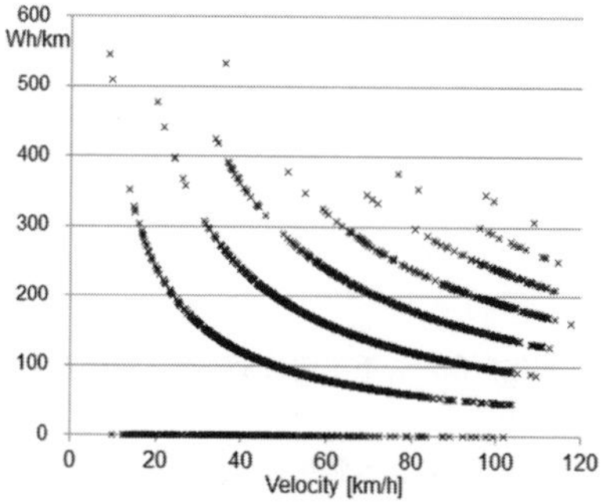

図 5.A.4（e）　β＜2.0（N＝3,296）

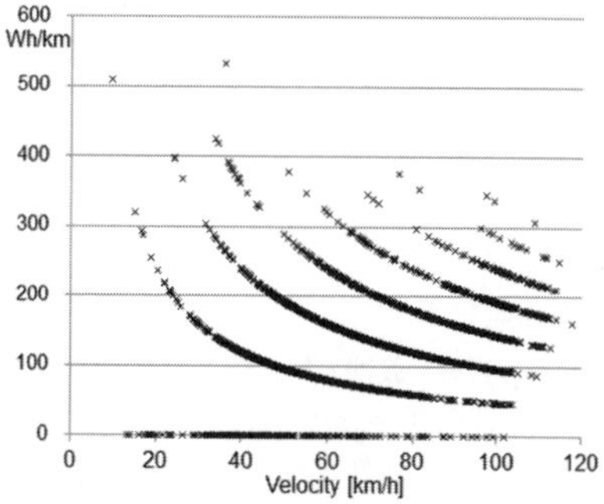

図 5.A.4（f）　β＜1.5（N＝2,563）

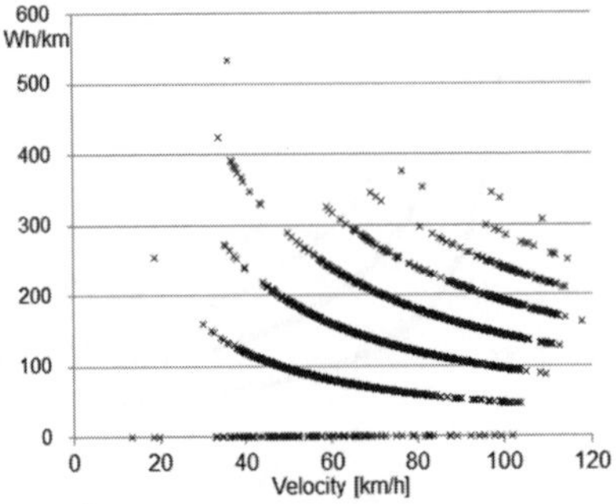

図 5.A.4（g）　β＜1.0（N＝1,970）

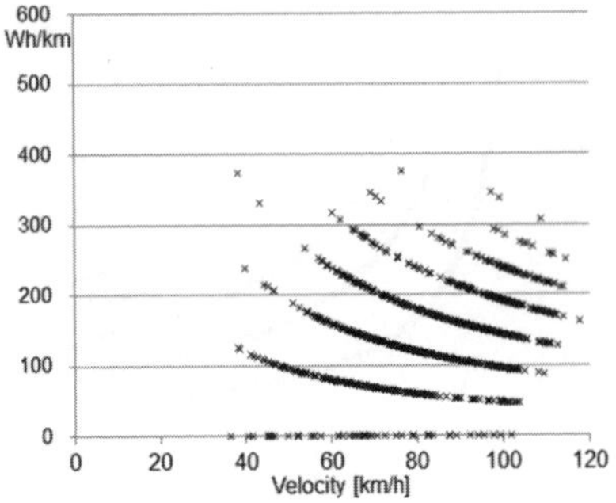

図 5.A.4（h）　β＜0.5（N＝1,257）

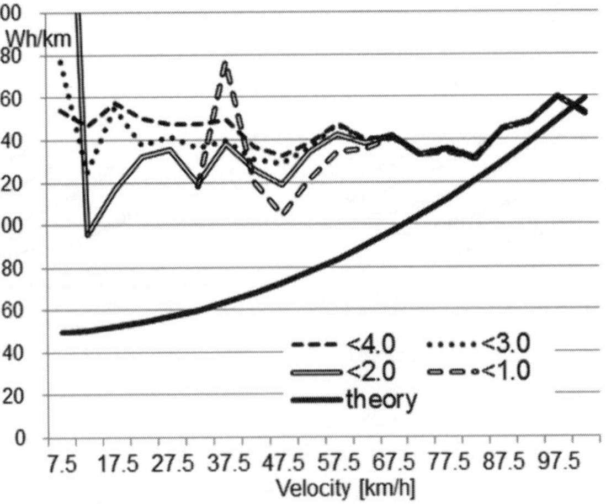

図 5.A.5　速度バンド上限値別の速度－距離当たり消費電気量

【参考文献】

1）兵藤哲朗、渡部大輔、橋本太夢、澤木健一郎、電気自動車の電気消費量推計式の検討、第 30 回交通工学研究発表会論文集、pp.153-156、2010

2）兵藤哲朗、渡部大輔、橋本太夢、電気消費特性からみた電気自動車エコドライブ方策の考察、交通工学、Vol.47、No.4、pp.72-79、2012

第6章　ハイブリッド車のCO_2排出量削減効果

6.1　ハイブリッド車（HV）導入によるCO_2排出量削減の期待

2012年度における日本のCO_2排出量は12.8億トンに達し、1990年比12％増加している[1)]。その中で、運輸部門のCO_2排出量は全体の18％を占めている。乗用車のCO_2排出量は、2001年以降増加から減少傾向に転じているが、2012年には1990年比34％増加し、運輸部門CO_2排出量全体の50％を占めている。乗用車のCO_2排出量削減は、運輸部門CO_2排出量の削減にとって、依然として重要な課題である。

日本では、ハイブリッド車（以下、HV）は1997年に市場に導入され、その保有台数は2009年以降急増している。HVの優位性のひとつは低燃費性であり、運輸部門CO_2排出量削減に向けて、HV低燃費性の寄与が期待されている。しかしながら、HVの低燃費性に期待されるCO_2排出量削減効果は、実走行において実現されているのだろうか。実走行におけるHVの低燃費性が、より長距離運転をもたらす直接リバウンド効果などの運転者行動、および渋滞などの運転状況によって、低減されているかもしれない。Schipper[2)]は、「乗用車の走行距離および保有台数が増加傾向にある中で、燃費改善だけで効果的なCO_2排出量削減を達成することは困難である」と指摘している。

カタログ燃費は実走行燃費と混同されている。多くの場合、乗用車の燃費改善に関して議論されるのは、実走行燃費ではなくカタログ燃費である[2)]。カタログ燃費は実走行燃費より良いため、カタログ燃費を基にした燃費改善に関する政策議論は、燃費改善効果に過大な期待感を与えている[2)]。

写真6.1　1997年に導入されたハイブリッド車「プリウス」

直接リバウンド効果はジェボンズパラドックス[3)]のひとつとして知られている[4),5)]。このパラドックスは、「エネルギー消費効率の改善は、エネルギーコスト削減に寄与する。しかしながら、その結果、新たなエネルギー需要が生まれてしまい、エネルギー消費量が増加し、予想されたエネルギー消費量削減効果が阻害されてしまう」という経済現象を説明している[6),7)]。

リバウンド効果は、次の３つに分類される[5),8)]。

① 直接リバウンド効果

エネルギー効率向上によるエネルギーサービス価格の低下が、当該エネルギーサービス財の需要を増加させる現象。

② 間接リバウンド効果

エネルギー効率向上によるコスト削減が、他の財やサービスの消費に費やされる現象。

③ 経済的リバウンド効果

エネルギー効率向上による実質的エネルギーサービス財の市場価格低下が、他の部門のエネルギー需要を増加させる現象。

乗用車利用の場合を考えると、「技術開発による燃費改善は、燃料費低減に寄与する。しかしながら、走行距離の増加をもたらし、その結果、期待された CO_2 排出量削減効果を低減してしまう」という現象を直接リバウンド効果によって解釈することができる。Greene ら[9)]は、「直接リバウンド効果は、エネルギー効率の改善による温室効果ガス排出量削減効果に大きな影響を与える」と指摘している。UKERC[10)]は、「エネルギーや気候変動問題を解決するための政策目標を達成するためには、直接リバウンド効果を考慮する必要がある」と主張している。しかしながら、直接リバウンド効果の定量的把握は非常に困難であり、政策立案者は直接リバウンド効果を考慮していない。さらに、直接リバウンド効果の発生メカニズムを理解している経済学者の間でも、直接リバウンド効果の大きさに関して、いろいろな議論がある[10)]。

以上の乗用車利用の現状を定量的に捉えることは、HV 利用による CO_2 排出量削減効果および CO_2 排出量削減施策の検討にとって非常に重要である。そのためには、HV に関する走行距離、燃料消費量、保有台数、およびカタログ燃費に関する統計データに基づく、実走行燃費とカタログ燃費間のギャップおよび直接リバウンド効果の推計が必要である。しかしながら、これらの統計データに基づく系統的分析は、これまで行われていない[2)]。さらに、HV 利用状況は、大都市を含む地域とそれ以外の地域の間で違いがある。

HV 利用の定量的分析を困難にしてきた主な要因は、HV 利用に関する単独の統計データが整備されていないことにあった。しかしながら、日本において、2009 年以降、走行距離および燃料消費量を含めた HV に関する地域別統計データが、他の普通・小型乗用車（以下、SSV）とは別に整備されるようになった。したがって、これらの HV に関する統計データを用いることによって、日本の HV 利用に関する実走行燃費とカタログ燃費間のギャップと直接リバウンド効果の地域別および年度別の推計が、燃料価格を含めた同じ社会経済状況下で可能となった。

要因分析法は直接リバウンド効果の推計に活用できる[5)]。要因分析法は、CO_2 排出量などの変動を関連する要因に分解し、各要因が変動量全体に与える影響を定量的に示すことができる[11)]。これまで多くの要因分析法が提唱されている。その中で、MLI 法（Modified Laspeyres Index Decomposition）は、要因間の同時変動分を示す交絡項を、他の要因分析法に比べて適切に関連要因に帰属、配分する[11),12)]。MLI 法は、HV と SSV 間の 1 台当たり CO_2 排出量の差を関連する要因に分解し、各要因が差全体に与える影響を適切に定量的に示すことができる。したがって、MLI 法は、HV 利用による直接リバウンド効果の推計に活用することができる。

本分析は、日本の 2010 年度から 2013 年度（以下、暦年は年度を示す）における HV の低燃費性により期待される CO_2 排出量削減効果が、実走行においてどの程度実現されているかを定量的に分析している。具体的には、実走行燃費とカタログ燃費間のギャップおよび直接リバウンド効果の推計を地域別に行っている。さらに、HV の実走行燃費とカタログ燃費間のギャップおよび直接リバウンド効果の低減施策に関して考察を行っている。

6.2　既往研究の概観

実走行燃費とカタログ燃費間のギャップの推計に関する既往研究はいくつかみられる。しかしながら、いずれも乗用車全体に対する推計であって、HV 単独の推計はみられない。一方、HV 利用の直接リバウンド効果に関する既往研究は、そのほとんどが、統計データによる定量的推計ではなく、HV 利用の選好に関する聞き取り調査に限られている。また、乗用車の直接リバウンド効果の推計手法はいくつかあり、推計結果にも差が見られる[12)]。直接リバウンド効果の推計にあたって、何を独立関数として何を従属関数としたらよいのか、現在のところ議論の一致はみられない。

Schipper[2]は、「日本において、2009年の販売乗用車の実走行燃費は、カタログ燃費に比べて27%悪い」と推計している。一方、JAMA[14]は、「日本において、2009年の保有乗用車の実走行燃費は、カタログ燃費に比べて31%悪い」と推計している。Zachariadis[15]は、「欧州において、2010年および2020年の自動車全体の実走行燃費は、カタログ燃費に比べて、それぞれ15%および17%悪い」と推計している。さらに、EPA[16]は、「米国において、自家用Light-duty Vehicleの実走行燃費とカタログ燃費間のギャップは、2003年以来20%である」と述べている。

Haanら[17]、[18]は、スイスにおけるプリウスα市場導入後9か月間に367名の購入者に対して、購入時に小型車から大型車へ、あるいは、より低燃費車への買い替え、あるいは、保有台数を増やす意図があったか聞き取り調査を行った。その結果、「いずれの傾向も見られなかった」と報告している。なお、HVによる長距離運転に関しては、購入時の所有者の意向には信頼性の問題があるとして、調査を行っていない。Gerardら[19]は、米国におけるディーゼル車とHVの新規購入者に対して、実運転における運転行動について聞き取り調査を行った。その結果、「HV保有者の83%が、走行距離に変化はないが、低燃費運転を心がけている」と報告している。Yuら[20]は、日本におけるプラグインハイブリッド車およびHVへの買い替え時に、購入者に対して低燃費による削減費用を示したうえで、購入者の運転行動について聞き取り調査を行った。その結果、「低燃費性は、走行距離、運転頻度、および家庭用品消費の増加を誘引している」と述べている。Akar and Guldmann[21]は、米国の2009年National Travel Household Surveyのデータを用いて、HVと他の乗用車の2台保有世帯における走行距離の変動要因を分析している。その結果、「少なくともHVを一台所有している世帯と走行距離増加の間には相関がある。エネルギー消費の面からHV保有を促進させることは、走行距離の増加をもたらす」と結論付けている。

UKERC[13]は、「正確性のある直接リバウンド効果は、エネルギーあるいは仕事のエネルギー効率弾性値で示される。既往文献調査の結果、OECD諸国の乗用車の直接リバウンド効果は10～30%である」と述べている。また、Greene[22]は、「米国の1996～2007年におけるLight-Duty Vehicleの直接リバウンド効果は、10％程度である」と述べている。

多くの既往研究は、「燃料価格の上昇が直接リバウンド効果低減に結び付く」と主張している。IPCC[23]は、「エネルギー効率の改善がエネルギー価格の上昇と連動すれば、直接リバウンド効果は低減する」と指摘している。Schipper[2]は、「燃料価格の上昇と燃費基準引き上げは燃費改善をもたらし、燃料価格の上昇は直接リバウンド効果を低減する」と主張している。Lave and MacLean[24]は、「燃料価格の上昇は、HV の販売台数の大幅増加に寄与する」と主張し、Hsu ら[25]は、「燃料価格の上昇によって、消費者は、HV の車両価格の高さより、HV 利用による燃料コスト削減に関心を持っている」と主張している。

6.3　分析範囲、データ、分析方法

本分析は、2010～2013 年を検討の対象としている。なぜなら、HV の走行距離および燃料消費量に関する統計データが、2009 年から SSV とは別に整備されたからである。しかしながら、2009 年のデータには経済危機による影響が大きく含まれているため、本分析では 2009 年のデータを使っていない。

検討対象地域は関東および中国運輸局としている（以下、関東、中国）。関東は、東京および横浜のような大都市を含み、公共交通の利便性が高い地域である。一方、中国は中小都市および町村を含み、公共交通の利便性が低い地域である。

各変動要因に関連するデータは、政府および関連公共機関などから公表された統計データから抽出する。表 6.1 は、2010～2013 年における HV および SSV の保有台数[26]、走行距離[27]および燃料消費量[27]に関する統計データを示している。なお、車種別のカタログ燃費のデータは、自動車燃費一覧[28]から抽出している。

(1) 実走行燃費とカタログ燃費間のギャップ

実走行燃費とカタログ燃費間のギャップは、実走行燃費をカタログ燃費で除して推計している。実走行燃費は、走行距離を燃料消費量で除して推計している。HV のカタログ燃費は、HV の各車種別のカタログ燃費を保有台数で重み付けした平均燃費としている。さらに、SSV のカタログ燃費は、関東においては保有台数 10 万台以上、中国においては 3 万台以上の SSV 各車種別のカタロ

表6.1 統計データ

[関東]

HV

年度	保有台数 (10^3)	走行距離 (10^6 km)	燃料消費量 (10^3 kL)		
			ガソリン	軽油	合計
2010	450	3,933	254	0	254
2011	642	5,399	347	0	347
2012	894	8,334	542	0	542
2013	1,185	11,499	735	0	735

SSV

年度	保有台数 (10^3)	走行距離 (10^6 km)	燃料消費量 (10^3 kL)		
			ガソリン	軽油	合計
2010	12,428	96,199	10,126	203	10,328
2011	12,228	97,022	10,186	188	10,373
2012	11,920	95,637	9,960	182	10,142
2013	11,560	89,918	9,465	172	9,637

[中国]

HV

年度	保有台数 (10^3)	走行距離 (10^6 km)	燃料消費量 (10^3 kL)		
			ガソリン	軽油	合計
2010	80	940	54	0	54
2011	116	1,297	76	0	76
2012	166	1,857	109	0	109
2013	226	2,594	153	0	153

SSV

年度	保有台数 (10^3)	走行距離 (10^6 km)	燃料消費量 (10^3 kL)		
			ガソリン	軽油	合計
2010	2,282	21,539	1,930	87	2,017
2011	2,251	21,770	1,940	81	2,021
2012	2,193	21,791	1,938	73	2,011
2013	2,123	21,541	1,939	61	1,999

グ燃費を保有台数で重み付けした平均燃費としている。

(2) 直接リバウンド効果

HV利用による直接リバウンド効果は、HVとSSV間の実走行燃費の差（SSVベース）に対して、両車種間の1台当たり走行距離の差に起因する1台当たりCO_2排出量の差がどの程度発生するかを示す弾性値としている（後記式(7)）。HVとSSV間の1台当たり走行距離の差に起因する1台当たりCO_2排出量の差は、MLI法を用いて推計している（後記式(5)）。

6.4 MLI 法

これまで、多くの要因分析法が提唱されている。その中で、RLI 法（Refined Laspeyres Index Decomposition）および LMDI 法（Logarithmic Mean Divisia Index Decomposition）が、広く用いられている。しかしながら、RLI 法および LMDI 法には交絡項を変動要因へ帰属、配分する方法に関して、改善すべき課題が指摘されている[11)]。

RLI 法は、分析対象とする要因以外の値を基準年の値に固定して、分析対象要因を基準年から比較年へ変動させる。そのうえで複数要因の同時変化分を示す交絡項を各要因に均等配分する[29)]。RLI 法の主な課題は、要因の増加あるいは減少にかかわらず、交絡項を各要因に均等配分することである[11)]。

また、LMDI 法は、対数平均値を重み付けにした連続線形積分関数の離散近似式を用いている[30)]。LMDI 法の主な課題は、交絡項を微小であり分析結果に与える影響はないものとして考慮していないことである。データ間にある程度大きな変動のある長期間にわたる時系列要因分析や国／地域間要因分析では、交絡項が無視できない程の大きさになる場合が多い。特にこのような場合、LMDI 法を用いて正確な分析結果を得ることは困難となる[11)]。

一方、Mishina らおよび Mishina and Muromachi[11)] は、RLI 法と LMDI 法の課題を解決した MLI 法を提唱した。MLI 法は、交絡項を要因の変動の対称変化率の大きさに比例して関連変動要因に帰属、配分させ、特に同じ交絡項の中に増加要因と減少要因が混在する場合、交絡項を増加要因側だけに帰属させる。MLI 法は、他の要因分析法に比べて信頼性のある結果を与えることができる[12)]。Sobrino and Monzon[31)] は、「MLI 法は、要因に大きな変動のある長期間にわたる要因分析に対しても適切な分析結果を提供することができ、気候変動を緩和させるための交通施策の立案に有用な情報を与えることができる」と述べている。

以上のように、MLI 法は、他の要因分析法の課題に適切に対応した、より適切な要因分析法であると考えられる。したがって、HV と SSV 間の 1 台当たり CO_2 排出量の差合計の中で、1 台当たり走行距離の差に起因する 1 台当たり CO_2 排出量の差は、MLI 法を用いて推計している。

変動要因は、カタログ燃費（km/ℓ）、実走行燃費とカタログ燃費間のギャップ、および、1 台当たり走行距離（km/ 台）の 3 要因としている。さらに、CO_2 排出係数は、GIO[1)]の炭素排出係数と発熱量から算出し、ガソリンについては 2.32 t-CO_2/kℓ、軽油については 2.59 t-CO_2/kℓ を用いている。

1台当たり CO_2 排出量は式(1) のように示される。

$$\frac{CO_2}{\text{台}} = \left(CO_2\ \text{排出係数}: C\right) \times \left[\frac{1}{\text{カタログ燃費}}: F\right] \times \left(\frac{1}{\text{ギャップ}}: G\right) \times \left(\frac{\text{走行距離}}{\text{台}}: T\right) \quad \cdots (1)$$

ある年におけるHVとSSV間の1台当たり CO_2 排出量の差（SSVベース）は、式(2) のように示される。

$$\begin{aligned} \Delta CO_2 &= CO_{2-HEV} - CO_{2-SSV} = C \times \left(F_{HEV} \times G_{HEV} \times T_{HEV} - F_{SSV} \times G_{SSV} \times T_{SSV}\right) \\ &= C \times \left[\ \left(\Delta F \times G_{SSV} \times T_{SSV}\right) + \left(F_{SSV} \times \Delta G \times T_{SSV}\right) + \left(F_{SSV} \times G_{SSV} \times \Delta T\right) \right. \\ &\left. + \left(\Delta F \times \Delta G \times T_{SSV}\right) + \left(\Delta F \times G_{SSV} \times \Delta T\right) + \left(F_{SSV} \times \Delta G \times \Delta T\right) + \left(\Delta F \times \Delta G \times \Delta T\right)\ \right] \end{aligned} \quad \cdots (2)$$

ここで、

$$\Delta F = F_{HEV} - F_{SSV}\text{、}\ \Delta G = G_{HEV} - G_{SSV}\text{、および}\ \Delta T = T_{HEV} - T_{SSV}$$

式(2) において、

$C \times (\Delta F \times G_{SSV} \times T_{ssv})$、$C \times (F_{SSV} \times \Delta G \times T_{ssv})$ および $C \times (F_{SSV} \times G_{SSV} \times \Delta T)$ は、HVとSSV間の1台当たり CO_2 排出量の差全体の中で、カタログ燃費、ギャップ、および1台当たり走行距離要因に起因する1台当たり CO_2 排出量の差を示し、他の計算項は、変動要因間の同時変化分を示す交絡項である。

HVとSSV間の1台当たり CO_2 排出量の差全体の中で、交絡項を関連する変動要因に帰属・配分した後のカタログ燃費、ギャップ、および1台当たり走行距離要因に起因する1台当たり CO_2 排出量の差（ΔCO_{2-F}、ΔCO_{2-G}、および ΔCO_{2-T}）は、式(3)、(4)、および (5) のように示される。

$$\Delta CO_{2-F} = C \times \Delta F\left[\left(G_{SSV} \times T_{SSV}\right) + \frac{a}{a+b}\left(\Delta G \times T_{SSV}\right) + \frac{a}{a+c}\left(G_{SSV} \times \Delta T\right) + \frac{a}{a+b+c}\left(\Delta G \times \Delta T\right)\right] \quad \cdots(3)$$

$$\Delta CO_{2-G} = C \times \Delta G\left[\left(F_{SSV} \times T_{SSV}\right) + \frac{b}{a+b}\left(\Delta F \times T_{SSV}\right) + \frac{b}{b+c}\left(F_{SSH} \times \Delta T\right) + \frac{b}{a+b+c}\left(\Delta F \times \Delta T\right)\right] \quad \cdots(4)$$

$$\Delta CO_{2-T} = C \times \Delta T\left[\left(F_{SSV} \times G_{SSV}\right) + \frac{c}{a+c}\left(\Delta F \times G_{SSV}\right) + \frac{c}{b+c}\left(F_{SSH} \times \Delta G\right) + \frac{c}{a+b+c}\left(\Delta F \times \Delta G\right)\right] \quad \cdots(5)$$

$$a = \frac{\Delta F}{(F_{HEV} + F_{SSV})/2}、\ b = \frac{\Delta G}{(G_{HEV} + G_{SSV})/2}、\text{および}\ c = \frac{\Delta T}{(T_{HEV} + T_{SSV})/2} \quad \cdots(6)$$

ここで、a、b、および c は、各変動要因、F、G、および T の対称変化率を表している。また、同じ交絡項の中で増加要因と減少要因が混在する場合、交絡項は増加要因側だけに帰属させ、減少要因側には帰属させない。

以上から、HV 利用による直接リバウンド効果は、実走行燃費（FE）に関する ΔCO_{2-T} の弾性値（ε）として、次のように示される。

$$\varepsilon = \frac{\Delta CO_{2-T} / CO_{2-SSV}}{\left(FE_{HEV} - FE_{SSV}\right) / FE_{SSV}} \quad \cdots(7)$$

さらに、地域間要因分析において、関東と中国間の 1 台当たり CO_2 排出量の差合計の中で、交絡項を関連する変動要因に帰属・配分した後のカタログ燃費、ギャップ、および 1 台当たり走行距離要因に起因する 1 台当たり CO_2 排出量の差（ΔCO_{2-FR}、ΔCO_{2-GR}、および ΔCO_{2-TR}）（中国ベース）は、式(3)、(4)、(5)、および (6) の F_{HEV}、F_{SSV}、G_{HEV}、G_{SSV}、T_{HEV}、および T_{SSV} を F_K、F_C、G_K、G_C、T_K、および T_C で置換することによって、次のように示される。

$$\Delta CO_{2-F} = C \times \Delta F\left[\left(G_C \times T_C\right) + \frac{a}{a+b}\left(\Delta G \times T_C\right) + \frac{a}{a+c}\left(G_C \times \Delta T\right) + \frac{a}{a+b+c}\left(\Delta G \times \Delta T\right)\right] \quad \cdots(8)$$

$$\Delta CO_{2-G} = C \times \Delta G\left[\left(F_C \times T_C\right) + \frac{b}{a+b}\left(\Delta F \times T_C\right) + \frac{b}{b+c}\left(F_C \times \Delta T\right) + \frac{b}{a+b+c}\left(\Delta F \times \Delta T\right)\right] \quad \cdots(9)$$

$$\Delta CO_{2-T} = C \times \Delta T\left[\left(F_C \times G_C\right) + \frac{c}{a+c}\left(\Delta F \times G_C\right) + \frac{c}{b+c}\left(F_C \times \Delta G\right) + \frac{c}{a+b+c}\left(\Delta F \times \Delta G\right)\right] \quad \cdots(10)$$

$$a = \frac{\Delta F}{(F_K + F_C)/2}、\ b = \frac{\Delta G}{(G_K + G_C)/2}、\text{および}\ c = \frac{\Delta T}{(T_K + T_C)/2} \quad \cdots(11)$$

ここで、

$$\Delta F = F_K - F_C、\ \Delta G = G_K - G_C、\text{および}\ \Delta T = T_K - T_C$$

6.5 実走行、カタログ燃費間ギャップと直接リバウンド効果

(1) 乗用車の保有台数の推移

図6.1は、1996～2013年における日本全国のHV、SSV、および軽乗用車の保有台数の推移を示している。

2013年の全国の乗用車全体の保有台数は、5,980万台に達し、依然として増加傾向にある。しかしながら、2005年以降増加率は減少傾向にある。その中で、SSVの保有台数は2004年をピークに減少に転じているが、HVおよび軽乗用車の保有台数は増加傾向が続いている。

2013年のHVの保有台数は、378万台に達し、2010年比2.7倍の保有台数となった。しかしながら、乗用車保有台数全体の6.3%を占めるに留まっている。一方、2013年のSSVの保有台数は、3,580万台であり、2004年比15%減少している。HVの保有台数は、SSVに代わり急増傾向にある。2013年の関東および中国におけるHV保有台数は、全国のHV保有台数の31%および6%を占めている。

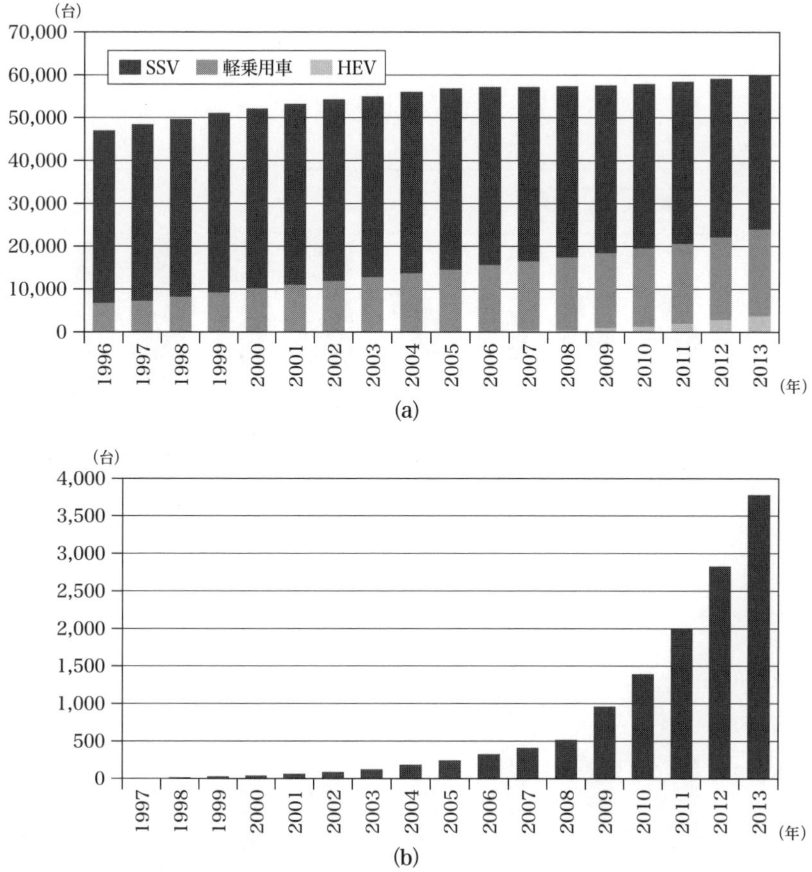

図 6.1　日本全国の乗用車保有台数の推移（1,000 台）：(a) 乗用車全体、(b) HV

(2) 地域別 CO_2 排出量、燃費、実走行燃費とカタログ燃費間ギャップの推移

図 6.2 (a)、(b)、(c)、および (d) は、2010～2013 年における、地域別の 1 台当たり CO_2 排出量、1 台当たり走行距離、カタログおよび実走行燃費、および実走行燃費とカタログ燃費間のギャップを HV と SSV 別に示している。

関東および中国における HV1 台当たり CO_2 排出量は、それぞれ 2010～2013 年平均 1.35 および 1.54 t-CO_2/ 台であった。この値は、SSV1 台当たり CO_2 排出量に比べて、それぞれ 31% および 27% 少ない（図 6.2 (a)）。ま

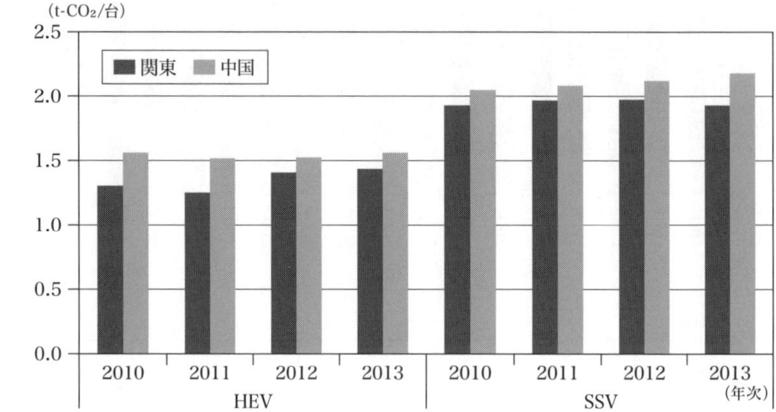

(a)

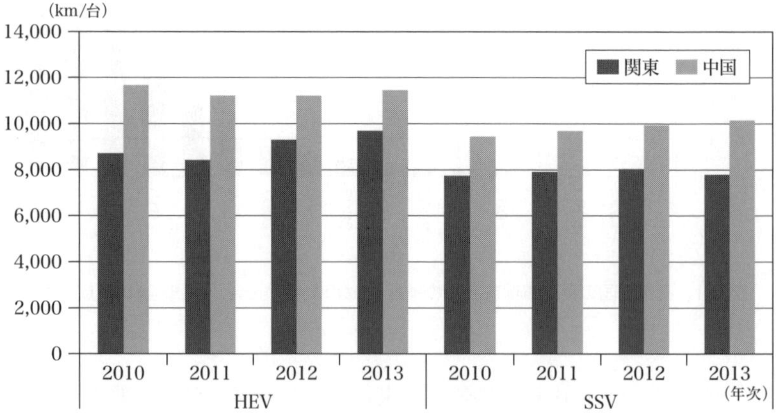

(b)

図 6.2　地域別 CO_2 排出量 / 台および変動要因の推移：(a) CO_2 排出量 / 台、(b) 走行燃

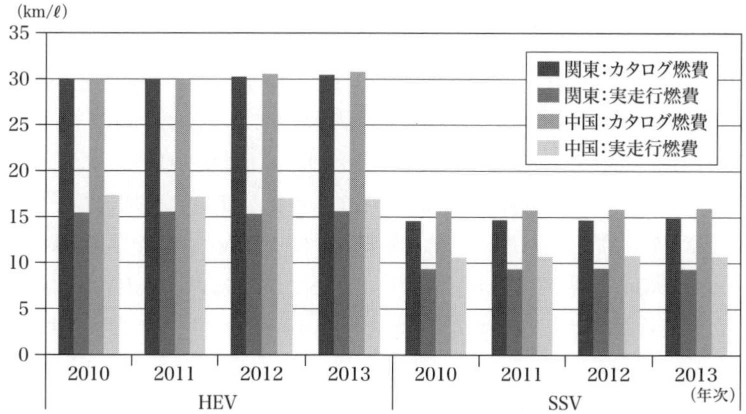

(c)

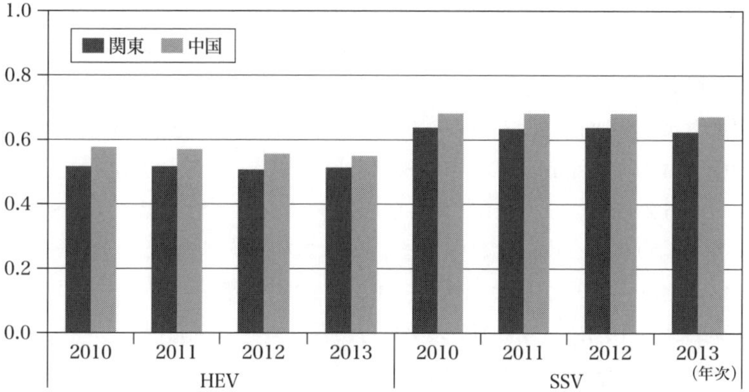

(d)

費 / 台、(c) カタログ燃費および実走行燃費、(d) 実走行燃費とカタログ燃費間のギャップた、関東における HV1 台当たり CO_2 排出量は 2010〜2013 年にかけて 10%増加しているが、中国ではほぼ一定であった。一方、中国における SSV1 台当たり CO_2 排出量は 6%増加しているが、関東ではほぼ一定であった。関東における HV および SSV1 台当たり CO_2 排出量は、中国に比べそれぞれ 2010〜2013 年平均 12%および 8%少ない。

関東および中国における HV1 台当たり走行距離は、それぞれ 2010〜2013 年平均 9,040 km および 1 万 1,400 km/ 台であった。この値は、SSV1 台当たり走行距離に比べて、それぞれ 15%および 16%長い（図 6.2（b））。また、関東における HV1 台当たり走行距離は 2010〜2013 年にかけて 11%増加しているが、中国では 2%減少している。一方、関東における SSV1 台当たり走行距離はほぼ一定であるが、中国では 8%増加している。関東における HV および SSV1 台当たり走行距離は、中国に比べそれぞれ 2010〜2013 年平均 21%および 20%短い。

関東および中国における HV の実走行燃費は、それぞれ 2010〜2013 年平均 15.5 および 17.1 km/ℓ であり、SSV に比べて、それぞれ 66%および 59%良い（図 6.2（c））。また、HV および SSV の実走行燃費は、2010〜2013 年にかけて関東および中国においてほぼ一定であるが、関東における HV および SSV の実走行燃費は、中国に比べそれぞれ 2010〜2013 年平均 10%および 13%悪い。

関東および中国における HV のカタログ燃費は、それぞれ 2010〜2013 年平均 30.2 および 30.3 km/ℓ であり、SSV に比べて、それぞれ 105%および 92%良い（図 6.2（c））。また、HV および SSV のカタログ燃費は、2010〜2013 年にかけて関東および中国においてほぼ一定であるが、関東における SSV のカタログ燃費は、中国に比べて 2010〜2013 年平均 7%悪い。

関東および中国における HV の実走行燃費とカタログ燃費間のギャップは、それぞれ 2010〜2013 年平均 0.51 および 0.57 であった。一方、SSV のギャップは、0.64 および 0.68 であった（図 6.2（d））。また、HV および SSV のギャップは、2010〜2013 年にかけて関東および中国においてほぼ一定であるが、関東における HV および SSV のギャップは、中国に比べそれぞれ 2010〜2013 年平均 9%および 7%小さい。

(3) 要因分析結果

図 6.3 は、SSV をベースとした HV と SSV 間の 1 台当たり CO_2 排出量の差に関する、地域別の要因分析結果を示している。要因分析は、式(3)、(4)、(5)、および (6) により、1 台当たり CO_2 排出量の差全体の中で、各変動要因に起因する 1 台当たり CO_2 排出量を推計している。一方、図 6.4 は、中国をベースとした関東と中国間の 1 台当たり CO_2 排出量の差に関する、車種別の要因分析結果を示している。要因分析は、式(8)、(9)、(10)、および (11) による。

① HV－SSV

HV1 台当たり CO_2 排出量が SSV に比べて少ない要因は、関東および中国において HV のカタログ燃費が SSV に比べて良いことであった。一方、1 台当たり走行距離および実走行燃費およびカタログ燃費間のギャップ要因が SSV に比べて多い要因となっているが、その影響はカタログ燃費要因の影響に比べて小さい。

関東における HV と SSV 間の 1 台当たり CO_2 排出量の差全体－0.60 t-CO_2/ 台は、カタログ燃費要因の－1.01 t-CO_2/ 台、実走行燃費とカタログ燃費間の

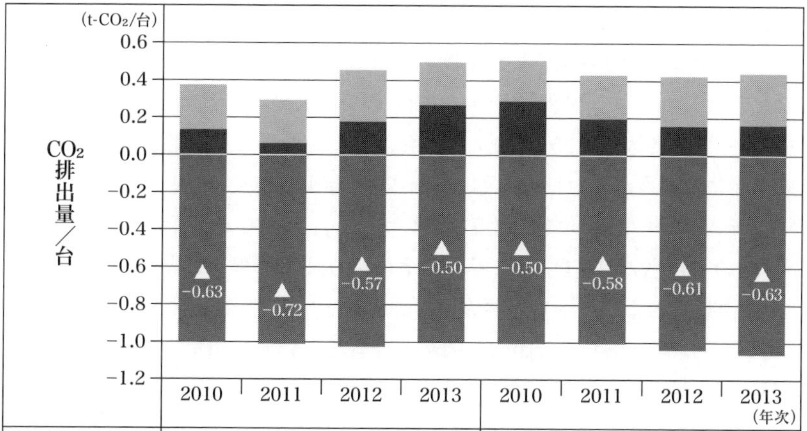

	関東				中国			
1/ギャップ	0.24	0.23	0.28	0.23	0.22	0.23	0.27	0.27
1/カタログ燃費	−1.00	−1.01	−1.02	−1.00	−1.00	−1.00	−1.04	−1.06
走行距離/台	0.13	0.06	0.17	0.26	0.29	0.20	0.15	0.16

注) △:CO_2排出量/台の差合計

図 6.3　地域別要因分析結果：HV と SSV 間の 1 台当たり CO_2 排出量の差（SSV ベース）

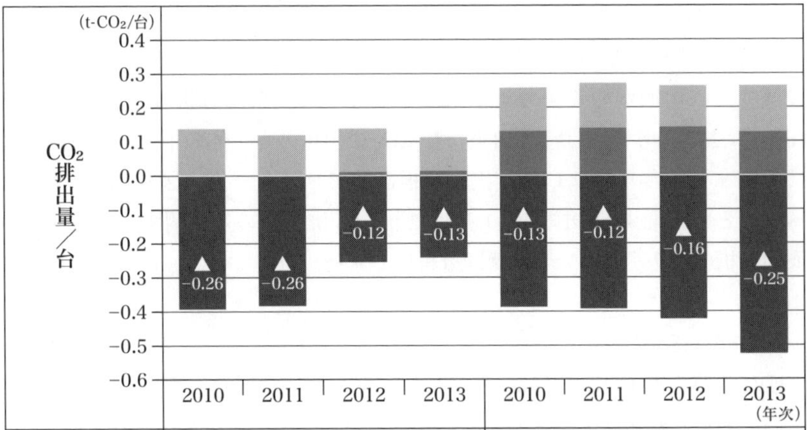

	HEV				SSV			
1/ギャップ	0.136	0.116	0.127	0.100	0.126	0.134	0.123	0.134
1/カタログ燃費	0.002	0.003	0.011	0.014	0.132	0.138	0.141	0.129
走行距離/台	−0.394	−0.382	−0.225	−0.240	−0.386	−0.392	−0.422	−0.517

注) △：CO_2 排出量/台の差合計

図 6.4　車種別要因分析結果：関東と中国間の 1 台当たり CO_2 排出量の差（中国ベース）

ギャップ要因の 0.24 t-CO_2/ 台、および 1 台当たり走行距離要因の 0.16 t-CO_2/ 台に分解される（いずれも 2010～2013 年平均値）。

一方、中国における HV と SSV 間の 1 台当たり CO_2 排出量の差全体－0.58 t-CO_2/ 台は、カタログ燃費要因の－1.03 t-CO_2/ 台、実走行燃費とカタログ燃費間のギャップ要因の 0.25 t-CO_2/ 台、および 1 台当たり走行距離要因の 0.20 t-CO_2/ 台に分解される（いずれも 2010～2013 年平均値）。

2010～2013 年にかけて、関東において、1 台当たり走行距離要因が HV と SSV 間の 1 台当たり CO_2 排出量の差全体に与える影響は増加傾向にあるが、カタログ燃費およびギャップ要因の影響はあまり変化していない。一方、中国において、1 台当たり走行距離要因が 1 台当たり CO_2 排出量の差全体に与える影響は減少傾向にあるが、カタログ燃費およびギャップ要因の影響はあまり変化していない。したがって、関東における 1 台当たり CO_2 排出量の差全体は－0.63 から－0.50 t-CO_2/ 台に縮小し、中国においては－0.50 から－0.63 t-CO_2/ 台に拡大している。

② 関東－中国

関東の 1 台当たり CO_2 排出量が中国に比べて少ない要因は、HV および SSV

ともに関東の 1 台当たり走行距離が中国に比べて少ないことであった。一方、HV および SSV の実走行燃費とカタログ燃費間のギャップおよびカタログ燃費要因が関東の 1 台当たり CO_2 排出量が中国に比べて多い要因となっているが、その影響は 1 台当たり走行距離要因の影響に比べて小さい。

関東と中国間の HV1 台当たり CO_2 排出量の差全体－0.19 t-CO_2/ 台は、カタログ燃費要因の 0.01 t-CO_2/ 台、実走行燃費とカタログ燃費間のギャップ要因の 0.12 t-CO_2/ 台、および HV1 台当たり走行距離要因の－0.32 t-CO_2/ 台に分解される（いずれも 2010～2013 年平均値）。

一方、SSV1 台当たり CO_2 排出量の差全体－0.17 t-CO_2/ 台は、カタログ燃費要因の 0.14 t-CO_2/ 台、実走行燃費とカタログ燃費間のギャップ要因の 0.13 t-CO_2/ 台、および SSV1 台当たり走行距離要因の－0.43 t-CO_2/ 台に分解される（いずれも 2010～2013 年平均値）。

2010～2013 年にかけて、HV1 台当たり走行距離要因が関東と中国間の 1 台当たり CO_2 排出量の差全体に与える影響は減少傾向にあるが、カタログ燃費およびギャップ要因の影響はあまり変化していない。一方、SSV1 台当たり走行距離要因が 1 台当たり CO_2 排出量の差全体に与える影響は増加傾向にあるが、カタログ燃費およびギャップ要因の影響はあまり変化していない。したがって、HV1 台当たり CO_2 排出量の差全体は－0.26 から－0.13 t-CO_2/ 台に縮小し、SSV については－0.13 から－0.25 t-CO_2/ 台に拡大している。

③　HV 利用による直接リバウンド効果

図 6.5 は、2010～2013 年における、HV 利用による地域別直接リバウンド効果

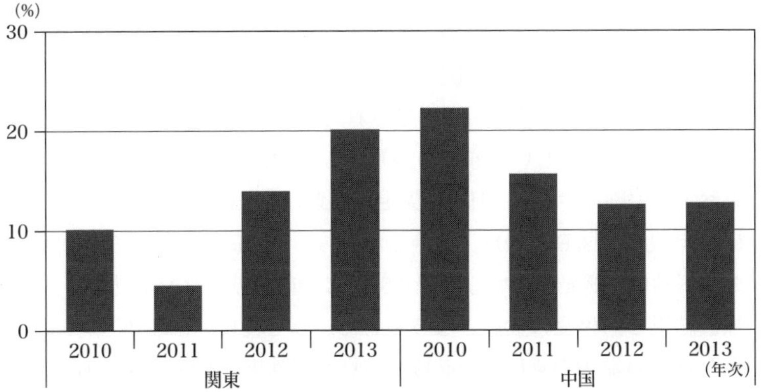

図 6.5　HV 利用による地域別直接リバウンド効果の推計結果

果の推計結果を示している。直接リバウンド効果は、関東および中国において、それぞれ5〜20%および13〜22%の範囲にある。つまり、SSVに比べてHVの実走行燃費が1%良いと、関東および中国において、それぞれ0.05〜0.2%、0.13〜0.22%の1台当たり CO_2 排出量の増加が誘発される。関東における直接リバウンド効果は、2010〜2013年平均12%であり、2011年を除いて10%から20%に増加している。一方、中国においては、2010〜2013年平均16%であり、22%から13%に減少している。

6.6 HVに期待される CO_2 排出量削減効果

日本のHV保有台数は近年急増傾向にあり、HVの低燃費性に期待される CO_2 排出量削減効果が実走行においてどの程度実現されているのか、定量的分析が求められている。そこで、本分析では、日本の2010〜2013年における、HV利用による地域別実走行燃費とカタログ燃費間のギャップおよび直接リバウンド効果の推計を行った。

関東および中国におけるHVのカタログ燃費は、実走行においてそれぞれ49%および43%悪化している（図6.2（d））。一方、SSVのカタログ燃費の悪化は、それぞれ36%および32%である。このSSVのカタログ燃費の悪化は、既往研究の推計結果と同程度である。たとえば、Schipper[2]およびJAMA[14]は、日本の乗用車に関して、それぞれ27%および31%悪化していると述べている。

カタログ燃費は、実走行における燃費を決定する重要な要因であり[2]、乗用車購入者の車種選好の重要な指標でもある。しかしながら、実走行において、多くの不確定要因が燃費に影響を与えている。実走行燃費とカタログ燃費間のギャップは、地域ごとの交通渋滞、走行速度、およびエアコンなどの付属機器の使用状況などにより異なる。関東のカタログ燃費が中国に比べて実走行において悪化していることが本分析で示唆されたが、その要因のひとつとして、関東の大都市における激しい交通渋滞が考えられる。

関東および中国において、HVの実走行燃費は、SSVに比べてそれぞれ66%および59%良い（図6.2（c））。しかしながら、5〜20%および13〜22%の直接リバウンド効果を誘発している（図6.5）。この直接リバウンド効果は、既往研究の推計結果と同程度の数値となっている。たとえば、UKERC[13]によって推計されたOECD諸国の乗用車の直接リバウンド効果は10〜30%である。また、Greene[22]によって推計された米国Light-duty Vehicleの直接リバウンド効果は約 10%である。

中国の 2010〜2013 年平均直接リバウンド効果は関東より大きい。その要因のひとつとして、移動を乗用車に依存しなければならない中国のライフスタイルが考えられる。一方、東京および横浜のような大都市を含む関東では、乗用車に加えて、鉄道などの他の代替交通手段が発達している。MLI 法による分析結果は、中国の乗用車に依存するライフスタイルを示唆している。なぜなら、中国の関東より長い 1 台当たり走行距離が、中国の HV および SSV1 台当たり CO_2 排出量が関東に比べて多い主要因となっているからである（図 6.4）。

直接リバウンド効果の発生メカニズムは複雑であり、これまでの分析は十分なものと言えない[13)]。Sorrell[5)]は、「エネルギー効率の大幅な改善は、エネルギー消費などの増加を誘引する。しかしながら、このことはジェボンズパラドックスを十分に説明していない。なぜなら、要因間の因果関係が明確でないからである」と指摘している。人はより長い距離を運転したい理由で HV を購入するかもしれない。一方、Johansson and Schipper[32)]は、「人は保有乗用車でどのくらいの距離を運転するか決める。反対のケースはない」と主張している。さらに、HV の低騒音および発進時の加速性などの HV 運転の快適性が、関東において、直接リバウンド効果の増大をもたらしている可能性がある。なぜなら、2010〜2013 年において、関東の実走行燃費は変化していないにもかかわらず（図 6.2（c））、直接リバウンド効果は増大傾向にあるからである（図 6.5）。一方、中国の直接リバウンド効果は、実走行燃費一定および燃料価格の上昇のもとで、減少傾向にある。直接リバウンド効果の発生メカニズムについて、今後更なる検討が必要である。

実走行燃費とカタログ燃費間のギャップおよび直接リバウンド効果を縮小させるための施策のひとつとして、燃料税増税による燃料価格の上昇が考えられる。多くの既往研究が指摘しているように、燃料価格の上昇は、1 台当たり走行距離の減少を誘発し、その結果、直接リバウンド効果を縮小させる[2)、23)]。このことは、特に乗用車以外の交通手段の利便性の高い大都市を含む関東において、交通渋滞を低減させ、実走行燃費を向上させる。その結果、実走行燃費とカタログ燃費間のギャップが縮小する。さらに、SSV に代わって HV の保有台数の増加をもたらす。

しかしながら、燃料価格上昇という市場経済施策は、小規模都市や市町村を含む地方地域における移動費用に大きな影響を与える。なぜなら、このような地域では、乗用車が移動に欠かせない交通手段だからである。したがって、燃料税増税による歳入を地方地域の公共交通の利便性向上に向けるなどの地域間で衡平性のある施策が求められる。

本分析の成果は次のとおりである。HV に期待される CO_2 排出量削減効果は、実走行におけるカタログ燃費の大幅な悪化と直接リバウンド効果によって、大幅に低減されている。HV の実走行燃費とカタログ燃費間のギャップは、SSV に比べて非常に大きく、HV 利用による直接リバウンド効果は、既往研究における他の車種と同程度の直接リバウンド効果を誘発している。乗用車の CO_2 排出量削減にとって、カタログ燃費向上は HV 保有台数の増加と共に重要な要因と考えられる。しかしながら、実走行燃費の向上および直接リバウンド効果の低減が十分検討されるべきである。燃料税増税による燃料価格の上昇は、実走行燃費の向上および直接リバウンド効果の低減に有効な施策のひとつと考えられる。しかしながら、公共交通の利便性の低い地方地域と利便性の高い大都市を含む地域との間で衡平性のある施策が求められる。今後利用可能となる統計データを用いて、さらに長期間にわたる詳細な分析が必要である。しかしながら、本分析の成果は、低燃費乗用車普及施策の立案に有用な情報を提供するものと考えられる。

【参考文献】

1) GIO、日本国温室効果ガスインベントリ報告書、温室効果ガスインベントリオフィス、2014

2) Schipper, Automobile use, fuel economy and CO2 emissions in industrialized countries：Encouraging trends through 2008, Transp. Policy 18, pp.358-372, 2011

3) Jevons, W. S., The coal question：can Britain survive? In：Flux, A. W.（Ed.）, The Coal Question：An Inquiry Concerning the Progress of the Nation, and the Probable Exhaustion of Our Coal-mines, Augustus M. Kelley, New York, 1865

4) Brookes, L., Energy efficiency fallacies revisited. Energy Policy 28, pp.355-366, 2000

5) Sorrell, S., Jevon's paradox revisited：The evidence for backfire from improved energy efficiency, Energy Policy 37, pp.1456-1469, 2009

6) Khazzoom, J. D, Economic implications of mandated efficiency standards for household appliances, Energy Journal 1, pp.21-40, 1980

7) Greening, L. A., Greene, D. L. and Difiglio C., Energy efficiency and consumption－The rebound effect－A survey, Energy Policy 28, pp.389-401, 2000

8) Winebrake, J. J., Green, E. H., Comer, B., Corbett, J. J. and Froman, S., Estimating the direct rebound effect for on-road freight transportation, Energy Policy 48, pp.252-259, 2012

9) Greene, D. L., Kahn J. R. and Gibson R. C., Fuel economy rebound effect for U. S. household vehicles, Energy J. 20 (3), pp.1-31, 1999
10) UKERC, The rebound effect：An assessment of the evidence for economy-wide energy saving from improved efficiency, UK Energy Research Centre, 2007
11) Mishina, Y. and Muromachi, Y., Revisiting decomposition analysis for carbon dioxide emissions from car travel, Transp. Res. Rec. 2270, pp.171-179, 2012
12) Mishina, Y., Taniguchi, Y. and Muromachi, Y., Why carbon dioxide emissions from Japanese passenger cars peaked in 2001, Transp. Res. Rec. 2252, pp.152-160, 2011
13) UKERC, UKERC review of evidence for the rebound effect：Technical Report 2：Econometric studies, UK Energy Research Centre, 2007
14) JAMA, 2013 Report on environmental protection efforts, Japan Automobile Manufacturers Association, Inc., 2013
15) Zachariadis, T., On the baseline evolution of automobile fuel economy in Europe, Energy Policy 34, pp.1773-1785, 2006
16) EPA, Light-duty automotive technology, carbon dioxide emissions, and fuel economy trends：1975 through 2013, Environmental Protection Agency, 2013
17) Haan, P., Mueller, M. G. and Peters, A., Does the hybrid Toyota Prius lead to rebound effects? Analysis of size and number of cars previously owned by Swiss Prius buyers, Ecol. Econ. 58, pp.592-605, 2006
18) Haan, P., Peters, A., Scholz R. W., Reducing energy consumption in road transport through hybrid vehicles：Investigation of rebound effects, and possible effects of tax rebates, J. Clean. Prod. 15, pp.1076-1084, 2007
19) Gerard, D., Fischbeck, P. S. and Mathews, H. S., Diesel and hybrids don't mix：Perception of the interested public and actual driving behavior of new car owners, Transp. Res. Rec. 2017, pp.33-40, 2008
20) Yu, B., Zhang and J., Fujiwara, Rebound effects caused by improvement of vehicle energy efficiency：An analysis based on a SP-off-RP survey, Transp. Res. Part D 24, pp.62-68, 2013
21) Akar, G. and Guldmann, J., Another look at vehicle miles traveled：Determinants of vehicle use in two-vehicle households, Transp. Res. Rec. 2322, pp.110-118, 2012
22) Greene, D. L., Rebound 2007：Analysis of U. S. light-duty vehicle travel statistics, Energy Policy 41, pp.14-28, 2012
23) IPCC, IPCC Climate Change 2014：Working group III fifth assessment report：Mitigation of climate change：Chapter 5. Intergovernmental Panel on Climate Change, 2014
24) Lave, L. B. and MacLean, H. L., An environmental-economic evaluation of hybrid electric vehicles：Toyota's Prius vs. its conventional internal combustion engine Corolla, Transp. Res. Part D 7, pp.155-162, 2002
25) Hsu, C., Li, H. and Lu, S., A dynamic marketing model for hybrid electric vehicles：A study of Taiwan. Transp, Res. Part D 20, pp.21-29, 2013
26) JAIRA、自動車保有車両数、自動車検査登録情報協会、1997 to 2014
27) MLIT、自動車燃料消費量統計年報、国土交通省、2011 to 2014

28) MLIT、自動車燃費一覧、国土交通省、2013
29) Liu, F. L. and Ang, B. W., Eight methods for decomposing the aggregate energy-intensity of industry, Appl. Energy 76, pp.15-23, 2003
30) Ang, B. W., Decomposition analysis for policymaking in energy：Which is the preferred method?, Energy Policy 32, pp.1131-1139, 2004
31) Sobrino, N. and Monzon, A., The impact of the economic crisis and policy actions on GHG emissions from road transport in Spain, Energy Policy 74, pp.486-493, 2014
32) Johansson, O. and Schipper, L., Measuring the long-run fuel demand of cars：Separate estimation of vehicle stock, mean fuel intensity, and mean annual driving distance, J. Transp. Econ. Policy, pp.277-292, 1997

第7章　乗用車起因の CO_2 排出量とメッシュ人口との関係

7.1　乗用車起因からの CO_2 排出

「地球温暖化対策の推進に関する法律」により、都道府県と指定都市、中核市、特例市は、「地球温暖化対策地方公共団体実行計画」（実行計画）を策定し、かつ、都市計画、農業振興整備計画等との関連を図ることが求められている。そこで、指定都市等は、環境省の『実行計画（区域施策編）策定マニュアル』[1)]や国土交通省の「低炭素まちづくり実践ハンドブック」[2)]および関連資料を参考として、低炭素まちづくりの計画策定を行っている。

低炭素まちづくりでは、「都市構造・交通分野」、「エネルギー分野」、「みどり分野」の3分野の取り組みが基本となる。このうち、運輸部門に関連する「都市構造・交通分野」で地域の特性に応じた低炭素まちづくりを推進するためには、乗用車利用に起因する二酸化炭素（CO_2）排出量を地域別に推計し、過去の中長期的な動向や最近の変化の特徴を把握したうえで、計画立案に役立てることが重要である。

市区町村別等の地域別に乗用車に起因する CO_2 排出量（以下、乗用車 CO_2 排出量）を推計する際には、マクロ統計データから保有台数等によって按分するよりも、できる限り個別データからの積み上げ計算を行うことが望ましい。積み上げ法は、推計結果に地域特性を反映しやすく、詳細な要因分析が可能であり、対策・施策の検討につなげやすいといった特徴がある[2)]。積み上げ法を用いて乗用車 CO_2 排出量あるいは関連するエネルギー消費量を推計した例として、東京大都市圏や京阪神大都市圏のパーソントリップ（PT）調査データや全国都市交通特性調査（全国 PT 調査）データあるいは全国道路・街路交通情勢調査（道路交通センサス）自動車起終点調査（OD 調査）データを用いた研究[3)~6)]がそれぞれ挙げられる。

また、中長期的な動向の把握に資する時系列的な分析を行っている研究として、全国 PT 調査データを用いた推計[7)]と道路交通センサス OD 調査データを用いた推計[8)]がある。特に、OD 調査データに基づく推計は、調査の範囲が広くサンプル数が多いことから、全国の広い範囲で多くの地域の値を得ることができる特長がある。

本章では、2010年の道路交通センサスOD調査[9]の個票データを用いて6つの地域区分別の乗用車 CO_2 排出量を推計し、乗用車保有率やトリップ頻度、トリップ長といった要因とあわせて、1980年から2010年までの7時点の動向を考察することを目的とする。また、市町村別乗用車 CO_2 排出量の推計結果と国勢調査メッシュ人口データの関係を分析し、メッシュ人口規模別の1人当たり乗用車 CO_2 排出量を求め、7時点の動向を明らかにすることを目的とする。

7.2　OD調査データを用いた推計

道路交通センサスOD調査データを用いた推計は、基本的に既存研究[6]と同様に次の手順で行うこととした。OD調査とは、道路交通センサスの一部であり、旅客および貨物の自動車の使い方を平日・休日別に把握するものである。OD調査の個票データから得られるトリップ単位の走行距離を車種別および登録地となる地域別に集計し、別に求める車種別排出係数を乗じて地域別 CO_2 排出量を推計することができる。なお、車種別排出係数は、自動車輸送統計年報の車種別の燃料消費量と走行距離の統計値を基本として、総合エネルギー統計で用いられる燃料種別発熱量[10]および燃料種別炭素排出係数を乗じて求める。また、平日・休日別の値に対して、年間の平日日数と休日日数を乗じて合計することで、年間値を求める。

なお、2010年の推計を行うにあたっては、OD調査の調査方法が変更となり、自動車輸送統計年報の車種別の燃料消費量と走行距離の調査方法も2010年度分から自動車燃料消費量統計を用いるものへと変更になった[11]ことに留意する必要がある。

さらに、過去の市町村内人口分布と乗用車 CO_2 排出量の関係から、メッシュ人口規模ごとの1人当たり乗用車 CO_2 排出量を推計する。

(1) 自動車利用特性マスターデータによる走行距離

2010年度版のOD調査では、複数の点について調査方法の見直しが行われた。その中でも、自動車の持ち主に対して行先等を調査するオーナーインタビューOD調査は、自家用車類の調査において、従来に近い内容の詳細調査票に加えて、簡易調査票を取り入れる変更を行った。2010年度の簡易調査票の数は、2005年度のオーナーインタビューOD調査結果をまとめたオーナーマスターの平日分の調査票の数の 95%とほぼ同等である。しかし、2010 年度の詳細調査票の数およびその調査結果をまとめた自動車利用特性マスターデータのサンプル数は、平日・休日分ともに 2005 年度オーナーマスターの調査票の数の 17%と大幅に少ない。詳細調査票のサンプル抽出は、全国を 207 に区分した生活圏の単位で行われている。一方、平均トリップ長や平均乗車人数といった自家用車のトリップ特性を把握することができるのは詳細調査票のみである。すなわち、保有車両数やトリップ頻度については市区町村等の別にある程度把握できるものの、平均トリップ長等について信頼性のある値を市区町村等の別に把握することは困難となった。なお、地域区分は、指定都市等の区分を基本として、東京特別区、指定都市、中核市、特例市、一般市、町村の 6 区分とした。

(2) 自動車燃料消費量統計による走行距離と燃料消費量

自動車輸送統計年報の走行距離と燃料消費量は、2010 年 10 月より、自動車燃料消費量統計の値を用いることとなった。その際に、時系列的な連続性を持たせるため、2007 年度、2008 年度および 2009 年度の「自動車輸送統計調査」の公表値と「自動車燃料消費量調査」の年報値との比率を平均した接続係数を燃料別車種別に示している。本章では、接続係数を用いて算出した自動車輸送統計相当の走行距離および燃料消費量を用いる。なお、2010 年度は、東日本大震災の影響により北海道運輸局および東北運輸局の 2011 年 3 月の調査値がない。年報には、全国の原単位と保有車両数から算出した上記分の参考値を加えた全国参考値を掲載している。本章では、この全国参考値を用いる。

走行距離当たりの CO_2 排出係数については、車種別の燃料消費量に、燃料種別発熱量と炭素排出係数を乗じて車種別に算出した。なお、自動車輸送統計に値が無い貨客車には自家用小型貨物車の値を用い、14 車種別に推計した結果を乗用車類と貨物車類に集約した。詳細な分析は、自治体特性を反映しやすい乗用車に着目して行った。その際にはデータが安定しない路線バスを含まない値を用いる。

(3) メッシュ人口規模別の 1 人当たり乗用車 CO_2 排出量

メッシュ人口規模による乗用車 CO_2 排出量の算出のため、乗用車 CO_2 排出量を市町村人口で除した市町村別 1 人当たり乗用車 CO_2 排出量を被説明変数、国勢調査による 3 次メッシュ人口規模別人口を説明変数とする回帰式を作成する。回帰式の各パラメータが、人口規模別の 1 人当たり乗用車 CO_2 排出量となる。1980 年から 2010 年までの過去 7 時点の推計結果を用いた。なお、市町村別乗用車 CO_2 排出量は、車両が登録されている市町村の別および車種別に、平日および休日のトリップ数・走行距離を集計し、各年次の車種別 CO_2 排出係数を乗じ、拡大係数で補正して年間分の値を求めたものである。

7.3　全国推計結果と自動車輸送統計年報等との比較

OD 調査から集計した自動車の走行距離と自動車輸送統計年報で報告されている走行距離の経年推移を図 7.1 に示す。2005 年以前の OD 調査の集計値は、既存研究[8)]の値を参照した。OD 調査では 2005 年をピークとして減少している。自動車輸送統計年報を参照すると 2003 年がピークである。なお、1985 年以前の自動車輸送統計年報には軽自動車の値が含まれていないことに留意する必要がある。自動車輸送統計年報の値に対する OD 調査集計値の比率は、1990 年以降おおむね 75 ～ 80% であったが、2010 年は約 85% と向上した。これは、接続係数を用いて補正した自動車輸送統計相当値（図 7.1 中◇）に対する比率である。自動車燃料消費量調査の値（図 7.1 中△）に対する OD 調査集計値の比率は約 81% であり、既存の OD 調査データを用いた推計と比較して計算条件等の大きな違いは生じていないと考えられる。

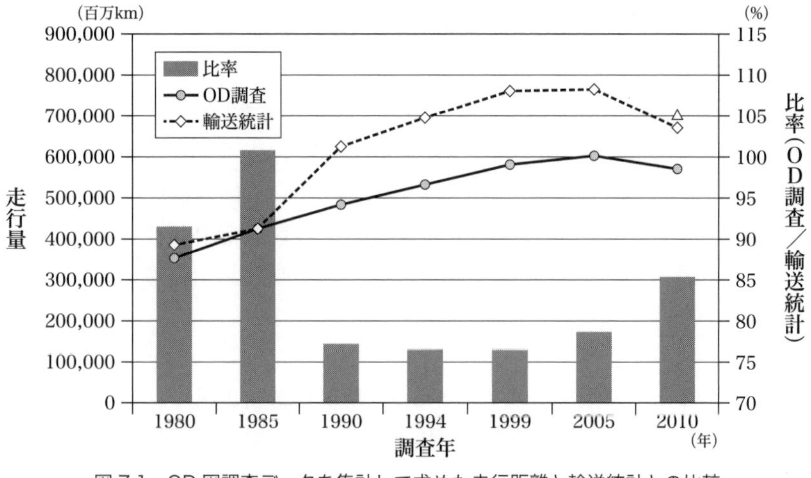

図 7.1　OD 図調査データを集計して求めた走行距離と輸送統計との比較

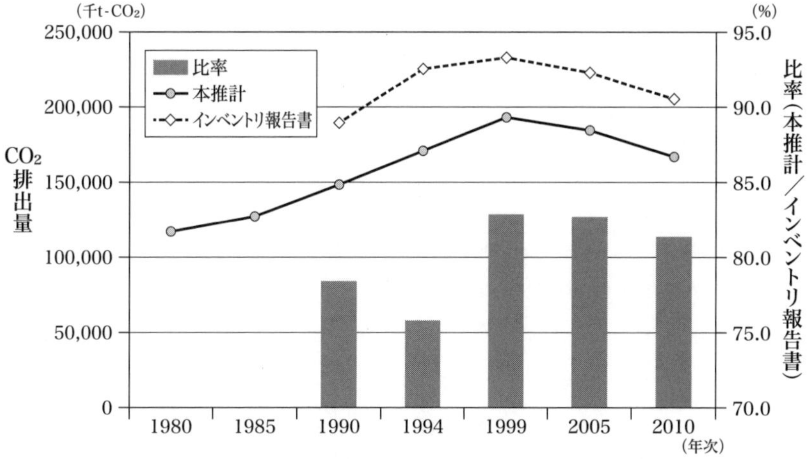

図 7.2　OD 調査データから推計した CO_2 排出量とインベントリ報告書との比較

OD 調査から推計した自動車起因の CO_2 排出量と、日本の温室効果ガスインベントリ報告書[12)]で報告されている値の経年推移を図 7.2 に示す。2005 年以前の OD 調査の集計値は同様に既存研究の値[8)]を参照した。自動車 CO_2 排出量は、OD 調査では交通量より早い 1999 年をピークとして減少している。インベントリ報告書では 2001 年がピークである。ただし、1990 年比で削減には至っておらず、1994 年の排出量の水準である。なお、報告書には 1990 年より前の値は記載されていない。報告書の値に対する OD 調査集計値の比率は、1990 年と 1995 年は 75 ～ 80%であったが、1999 年以降は 80 ～ 85%と向上した。

7.4　地域区分別乗用車 CO_2 排出量等の動向

指定都市等の地域区分別に求めた乗用車 CO_2 排出量およびトリップ長等の傾向を図 7.3 に示した。いずれの地域区分でも、自動車利用特性マスターのサンプル数による信頼性は有りと判定された。2005 年以前の値は既存研究[8)]の値を参照した。

(1) 1 人当たり CO_2 排出量の動向

図 7.3 (a) をみると、1 人当たり CO_2 排出量は、指定都市と中核市と特例市と一般市では、1999 年以降の減少傾向を 2010 年までも継続した。特に、指定都市と特例市は、1990 年の水準近くまで減少している。一方で、町村と東京

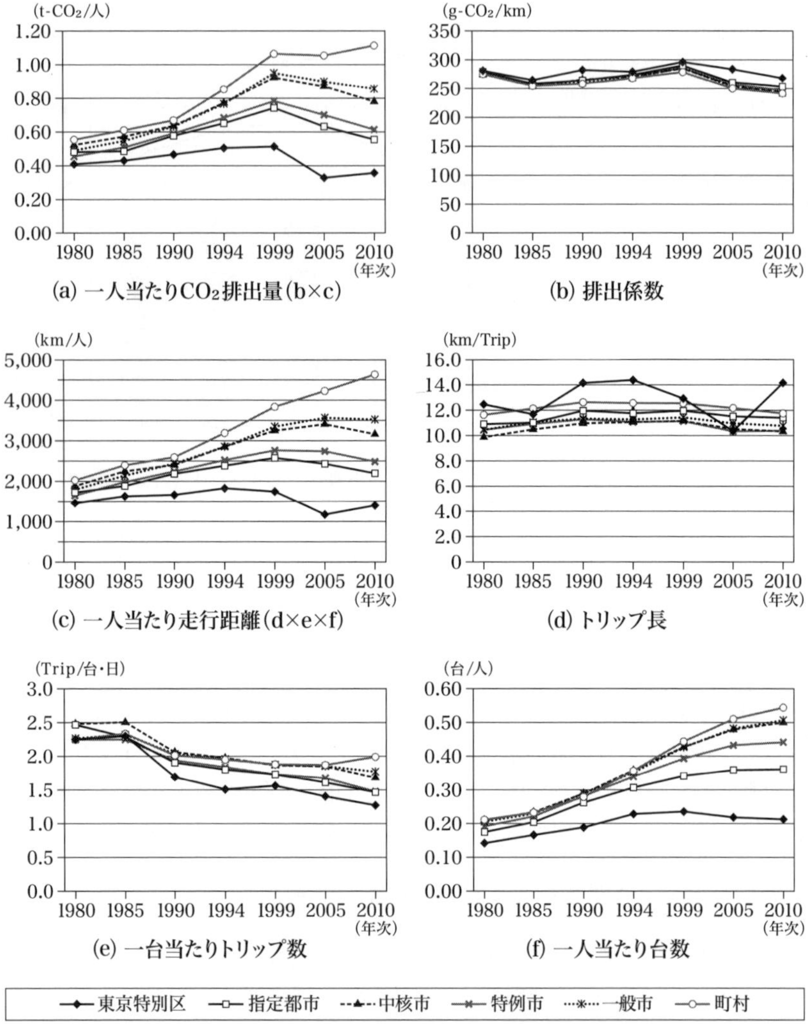

図 7.3　地域区分別 CO_2 排出量等の動向
(既存研究のデータ[8])に 2010 年分を追加して作成)

特別区は、2010 年にかけてわずかながら増加した。

中核市を除いては、都市規模が大きいほど排出量が小さい傾向が見られる。中核市は、小規模自治体を含む広域合併が行われた場合があるため、小規模自治体の特徴が強く影響したものと考えられる。

1 人当たり CO_2 排出量は、排出係数と 1 人当たり走行台キロの積で求められる。それぞれの動向を把握するため、順に示す。

(2) 排出係数の動向

図 7.3（b）をみると、排出係数は、変化の幅が比較的小さい。1985 年から 1999 年に車両の大型化や安全性能向上に伴う重量増加等により悪化したが、2010 年にかけて継続的に改善したことが分かる。この推計の手法では旅行速度等を考慮できないため、地域差に影響するのは、車種構成のみである。東京特別区でやや高いのは、軽乗用車の比率が他地域より小さいことが影響しているためと考えられる。

(3) 1 人当たり走行距離の動向

図 7.3（c）をみると、1 人当たり走行距離は、地域によって動向が大きく異なることがわかる。東京特別区は 2005 年に大きく減少したが、2010 年には 1980 年の水準に戻ったようにもみえる。指定都市と特例市は 1999 年をピークに減少傾向にあり、中核市も遅れて 2005 年をピークに減少に転じている。一般市も横ばいになり、町村は増加を続けている。

すなわち、中核市を除いては、都市規模が大きいほど早期に 1 人当たり走行距離が減少に転じる傾向がみられる。町村で 1 人当たり走行距離が伸び続けた理由として、公共交通手段がなくなって乗用車の利用を前提とする人だけが選択的に居住する状況が生じていることが考えられる。施設が少なくなったことで遠隔化が進んだ可能性もあるが、トリップ長はやや減少しているため、自動車利用の頻度が増加した影響が大きい。

1 人当たり走行距離は、トリップ長と 1 台当たりトリップ数と 1 人当たり台数の積で求められる。それぞれの動向を順に示す。

(4) トリップ長の動向

図 7.3（d）をみると、トリップ長は、東京特別区を除いて安定しており、継続的に減少している傾向がわかる。東京特別区は、2005 年が小さいが、2010 年には 1990 年の水準に戻っている。東京特別区は、公共交通機関が整備されており、選択しやすいため、乗用車の利用状況が変動しやすいことが考えられる。一般市、特例市、中核市でトリップ長が比較的小さいことから、近場

の目的地に日常的に乗用車を利用する機会が多いと考えられる。

(5) 1 台当たりトリップ数の動向

図 7.3（e）をみると、1 台当たりトリップ数は、町村を除いて微減の傾向にある。乗用車の普及が進み、「1 世帯 1 台」から「1 人 1 台」となるにしたがって、送迎等の利用が減るとともに目的に応じた車両の使い分けが進み、1 人当たりトリップ数が比較的安定的に推移した状況が続いていると考えられる。中核市と特例市で減少幅がやや大きく、自動車利用頻度の減少が 1 人当たり走行距離の減少に影響している様子がみられる。

(6) 1 人当たり台数の動向

図 7.3（f）をみると、1 人当たり台数は、東京特別区はすでに横ばいから減少を続けている一方、それ以外の地域区分では引き続き増加している。高齢化が進む中で、免許保有率が比較的高い世代が全高齢者に占める比率が高くなり、1 人当たり台数を押し上げたと考えられる。指定都市や特例市では、1 人当たり台数が一般市等よりも少なく、1 人当たりトリップ数も少ない。そのため、指定都市のトリップ長がやや長くても、1 人当たり走行台キロはやや少ない状態につながると考えられる。中核市の 1 人当たり台数が横ばいに近づきつつあるため、今後の動向を注視する必要がある。

7.5　メッシュ人口規模別乗用車 CO_2 排出量の動向

メッシュ人口規模を 1,000 人未満、1,000 人以上、3,000 人以上、1 万人以上の 4 分類としたときの、1 人当たり乗用車 CO_2 排出量の推移を図 7.4 に示す。2010 年分のパラメータの自由度調整済み決定係数は 0.945 であり、有意水準は 95%、残差の分散は 0.031 である。おおむね人口規模が小さいほど排出量が大きく、1990 年代にはその差が拡大してきたことが分かる。メッシュ規模による排出量の差は、1980 年には 1.5 倍程度だったものが 2010 年には 2 ～ 3 倍となっている。1990 年代には、1,000 人以上 3,000 人未満のメッシュの方が 1,000人未満のメッシュよりも 1 人当たり排出量が大きく、順序が逆になっている。これは、1990 年代に乗用車利用を前提とした郊外型のライフスタイルが広く普及し、人口密度がやや低い市街地への居住が進んだためと考えられる。一方、2000 年代には、横ばいからやや減少に転じている。

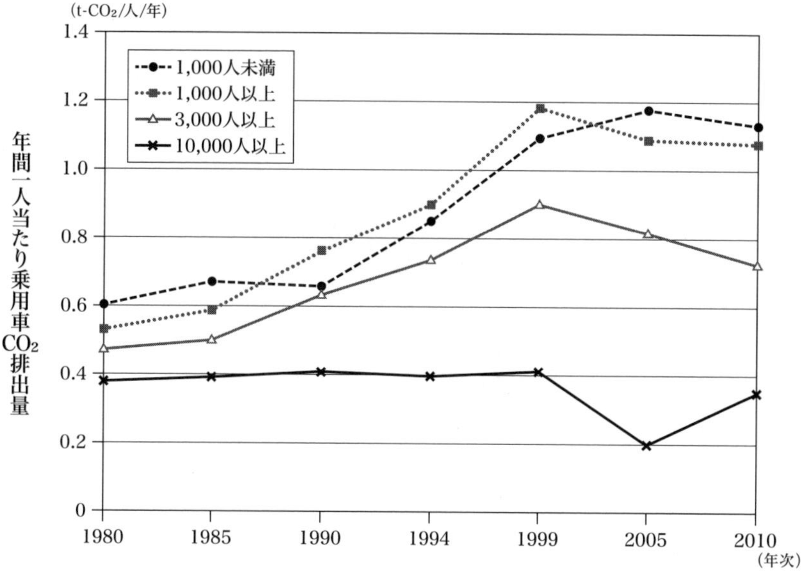

図 7.4　メッシュ規模別 CO_2 排出量の動向

表 7.1　メッシュ規模別 1 人当たり CO_2 排出量（2010 年）

3 次メッシュ人口規模	100 人未満	100 人以上	1,000 人以上	3,000 人以上	5,000 人以上	1 万人以上	2 万人以上
年間 1 人当たり乗用車 CO_2 排出量（t-CO_2）	1.27	1.12	0.99	0.95	0.60	0.41	0.23
	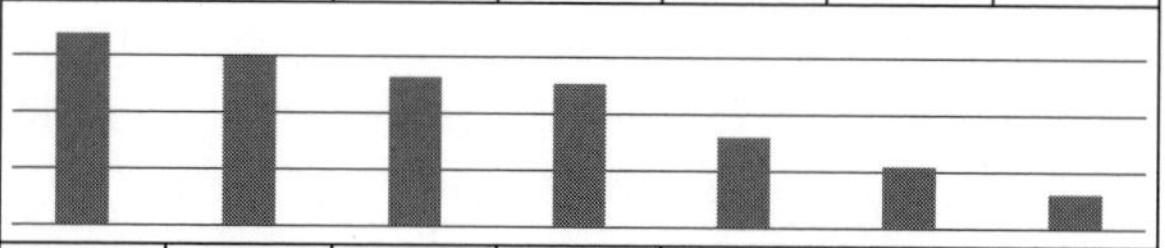						
規模別メッシュ数シェア	51.9%	34.0%	7.8%	2.7%	2.4%	1.1%	0.1%
規模別人口シェア	2.2%	16.2%	19.2%	15.0%	23.8%	19.9%	3.7%

メッシュ人口規模を 100 人未満、100 人以上、1,000 人以上、3,000 人以上、5,000 人以上、1 万人以上、2 万人以上の 7 分類と詳しくしたときの 1 人当たり乗用車 CO_2 排出量を推計した結果を表 7.1 に示す。推計したメッシュ人口規模別パラメータを用いて 2010 年の市町村の 1 人当たり乗用車 CO_2 排出量を再現した値と、市町村の元データの値（実際値）の関係を示す分布図を図 7.5 に示す。自由度調整済み決定係数は 0.964、有意水準は 95% であり、残差の分散は 0.027 である。決定係数と残差の分散から、7 分類のパラメータは 4 分類より

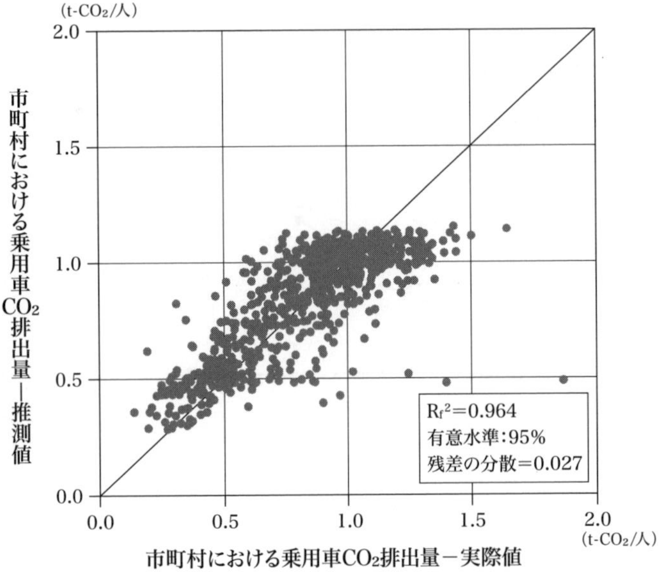

図 7.5　メッシュ規模別 CO_2 排出量の再現性

改善したと判断することができる。

7.6　動向を踏まえた削減効果の考察

地域区分別の乗用車 CO_2 排出量の動向を全体的にみると、規模の小さい都市ほど 1 人当たり台数が増加する傾向が続くものの、規模の大きい都市から順に 1 人当たり走行距離が減少に転じていることがわかる。特に中核市が典型的である。技術改善だけでなく交通行動の変化による乗用車 CO_2 排出量の減少の傾向が以前より明確に観察されるようになった。

2010 年の東京特別区における 1 人当たり走行距離の増加は、2000 年代のガソリン価格上昇傾向の中で、2009 年から 2 年間の高速道路料金の大幅引き下げが影響した可能性がある。東京特別区は、道路混雑が頻発し、代替の公共交通手段がある一方、高速道路で結ばれる観光地等を多く有するなど、高速道路利用に転じる余地が大きいため、以前からトリップ長が変動しやすい傾向にある。2010 年の東京特別区の乗用車のトリップ長を詳細に見ると、平日は全国平均と同じ 10 km であるが、休日は全国平均 13 km に対して 18 km と大幅に長い。これらの要因が複合的に作用した結果として長距離トリップの増加が東京特別区でのみ観測された可能性があると考えられる。今後、引き続き精査を行いたい。

メッシュ人口規模別の乗用車 CO_2 排出量の動向をみると、1万人以上のメッシュでは1人当たり排出量が増加しなかった一方、1990年代に1万人未満のメッシュにおいて1人当たり排出量が増加した傾向が明確になった。また、メッシュ人口規模を詳細に区分すると、5,000人以上や2万人以上といった高密度ほど排出量が少ないことがさらに明確となり、メッシュ人口規模の違いにより排出量におよそ5倍程度の差が生じていることがわかった。

こうしたメッシュ規模別乗用車 CO_2 排出量の数値を用いることで高密度化による CO_2 削減効果を定量的に試算することが可能である[13)]。

7.7　走行距離減少による CO_2 削減効果

2010年の道路交通センサスOD調査の個票データを用いて、地域区分別乗用車 CO_2 排出量を推計し、過去からの動向を考察した。指定都市等の地域区分別に推計を行い、その推移をみたところ、中核市等でも1人当たり走行距離の減少が生じ、乗用車 CO_2 削減に寄与していることがわかった。また、メッシュ人口規模別乗用車 CO_2 排出量を求め、高密度化による効果の試算を可能とした。なお、市区町村別に走行距離を削減するなどの対策を行うためには、詳細な地域別の走行距離等データが重要である。OD調査において多くのサンプルを対象とした1日走行距離を継続的に調査することを願いたい。なお、本稿は、既発表の成果[13)、14)、15)]を元に推計手法の見直しを行い、新たな知見を加えて再構成したものである。

【参考文献】

1) 環境省、地球温暖化対策地方公共団体実行計画（区域施策編）策定マニュアル（第1版）、2009

2) 国土交通省、低炭素まちづくり実践ハンドブック、2013

3) 森本章倫、小美濃智紀、品川純一、森田哲夫、東京都市圏におけるPTデータを用いた輸送エネルギー推計と都市構造に関する実証的研究、土木計画学研究・論文集、No.13, pp.361-368、1996

4) 北村隆一、省エネルギーに向けての交通政策、エネルギー・資源、Vol.19（4), pp.352-357、1998

5) 谷口守、村上威臣、森田哲夫、個人行動データを用いた都市特性と自動車利用量の関連分析、都市計画論文集、Vol.34, pp.967-972、1999

6) 松橋啓介、工藤祐揮、上岡直見、森口祐一、市区町村の運輸部門 CO_2 排出量の推計手法に関する比較研究、環境システム研究論文集、Vol.32, pp.235-242、2004
7) 谷口守、松中亮治、平野全宏、都市構造からみた自動車 CO_2 排出量の時系列分析、都市計画論文集、Vol.43, pp.121-126、2008
8) 松橋啓介、米澤健一、有賀敏典、市区町村別乗用車 CO_2 排出量の中長期的動向を踏まえた排出量削減率の検討、都市計画論文集、Vol.46（3）、pp.805-810、2011
9) 国土交通省、平成 22 年度 全国道路・街路交通情勢調査 自動車起終点調査、2012
10) 経済産業省資源エネルギー庁、総合エネルギー統計、2014
11) 国土交通省、自動車輸送統計 自動車燃料消費量統計 年報 平成 22 年度分、第 48 巻、2012
12) 国立環境研究所温室効果ガスインベントリオフィス、日本国温室効果ガスインベントリ報告書、2014
13) 有賀敏典、松橋啓介、地域内人口分布シナリオの乗用車 CO_2 排出量推計による評価、土木学会論文集 G, Vol.69（6）、pp.II_79- II_84、2013
14) 松橋啓介、米澤健一、有賀敏典、地域別乗用車起因 CO_2 排出量の 2010 年版の推計と考察、都市計画論文集、Vol.49（3）、pp.891-896、2014
15) 陳鶴、有賀敏典、松橋啓介、メッシュ周辺人口集積度に基づいた乗用車 CO_2 排出量の推計、土木学会論文集 D3, Vol.74（5）、pp.I_101-I_107、2018

第8章　車利用に対する都市環境・個人要因のマルチレベル分析

近年のエネルギー消費量・温室効果ガス排出量削減の機運の高まりを背景として、特に先進国を中心とした各国ではすでにさまざまな車利用削減方策が議論され、運用されている[1]。

車利用の抑制を目指したさまざまな研究のうち、都市環境や都市構造と車利用との関係に着目した研究としてNewmanら[2]が知られている。彼らは世界46都市を対象として都市構造と交通行動に関するデータを収集し、高密度都市における車利用の抑制傾向を示した（図8.1）。このデータにおいて、人口密度に対する車利用距離の弾力性は－0.631である。

この知見に対して考えうる他の要因を排除して人口密度と車利用の単純な相互関係にのみ着目している点[3,4]や、横軸の分子と縦軸の分母に同じ変数（この場合は「人口」）を用いることで、両者が無関係でも見かけ上の相関が現れる可能性があり統計的に妥当でない点[5]などについて批判もある。

この人口密度と車利用の相互関係は日本国内の都市についても確認されている[6,7]ほか、都市圏内部の市区町村あるいはゾーン単位の分析でも同様の傾向が示されている[8]。しかし、同様の密度レベルを有する都市間あるいはゾーン間でも車利用水準に差異がみられることから、人口密度自身が車利用と強く関

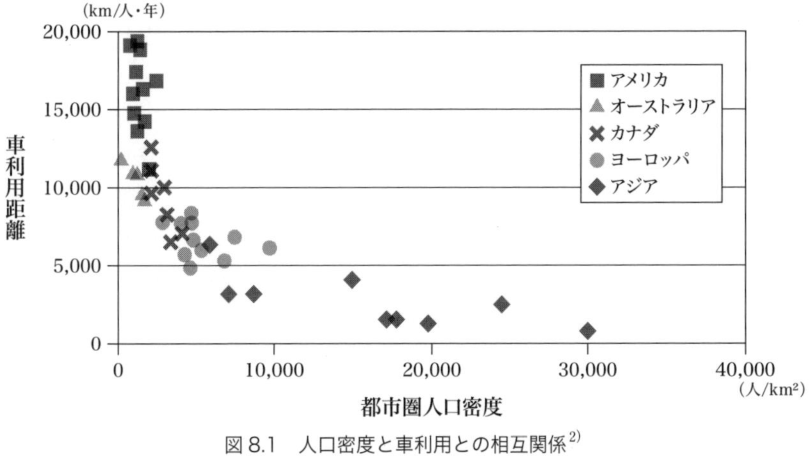

図8.1　人口密度と車利用との相互関係[2]

係している一方、車利用を規定するその他の要因が存在することが想定され、さらなる分析が必要である。

一方、住居形式や世帯規模、収入レベルなど、世帯要因や個人要因が交通行動に与える影響の分析もなされてきた。この場合、個人要因をそのまま分析に投入する方法と、個人要因をある一定の空間レベルで集計したデータを分析に用いる方法の 2 種類の手法が存在する。Cervero[9] や Sun ら[10]、Schimek[11] はゾーン集計を行わず個人あるいは世帯レベルでの個人要因と交通行動との分析を実施した。一方で中村ら[6] は個人要因を都市レベルで集計したデータを用い 1 人当たり平均所得とガソリン購入量に有意な相関があることを示したほか、Dargay ら[12] も国レベルでの平均所得と平均車保有台数との関係を議論している。

このように、車利用やそれに影響を及ぼすと想定される要因には下位水準（個人あるいは世帯）にあるデータ（たとえば所得）と、ある一定の空間単位（ゾーン、都市、国）で集計した上位水準のデータの両方が存在する。ここで、次節で述べるように、水準の異なるデータを同時に用いた分析や、個人データを上位レベルで集計したデータのみを用いた分析には不十分な点が指摘される。

本研究では、個人・世帯とゾーンの 2 水準のデータを同時に用いた分析が可能なマルチレベルモデルを用いて、車利用に影響を与える要因の特定を試みる。また、伝統的な通常の回帰分析による分析結果を同時に示し、モデルによりもたらされる結果が異なる可能性があることを示す。マルチレベルモデルを用いた分析は力石ら[13] など少数にみられるが、特に都市環境要因と車利用との関連性の分析における適用例は見当たらない。

本章では、まず 8.1 節でマルチレベルモデルについて簡単に解説する。8.2 節では、本研究で使用したデータの説明を、アンケート調査の概要を中心に行う。8.3 節では車利用の各指標に対する独立変数の影響をマルチレベルモデルを用いて推定した結果について考察する。8.4 節ではマルチレベルモデルによる推定結果と通常の回帰モデルを用いた推定結果との比較を行い、モデルや集計水準により推定結果が異なることを示す。8.5 節で結論を示すとともに、今後の課題について言及する。

8.1　マルチレベルモデル

本節では Kreft ら[14]を参考にマルチレベルモデルについて簡単に解説する。通常の回帰モデルにおいては、独立変数と従属変数との関係は 1 つの回帰式で示され、各サンプルのばらつきは標準誤差で表現される。しかし各サンプルがある集計単位（グループ：都市やゾーンなど）でネストされている場合、独立変数と従属変数との関係はグループごとに異なる可能性が想定される。すなわち、回帰式における切片と傾きにランダム性があり分散が存在することが考えられる。マルチレベルモデルは、通常の回帰（第 1 水準回帰）における従属変数の分散をグループ内（第 1 水準）分散とグループ間（第 2 水準）分散で表現し、グループ間での独立変数と従属変数の関係性の相違（文脈効果）や水準の異なる各独立変数の有意性の分析を可能にする。式(1) に示す第 1 水準回帰(通常の回帰と同様の形である）における切片と傾きの分散は式(2a) および式(2b) で表現される。

$$y_{ij} = a_j + b_j x_{ij} + e_{ij} \qquad \cdots(1)$$

$$a_j = a_0 + u_{0j} \qquad \cdots(2a)$$

$$b_j = b_0 + u_{1j} \qquad \cdots(2b)$$

ここで (1)式における x、y、a、b、e はそれぞれ、第 1 水準回帰における独立変数、従属変数、切片、傾き、誤差を示す。i は個人、j はグループを示す添え字である。(2a) (2b)式における u は第 2 水準の誤差を示す。添え字の 0 と 1 はそれぞれ、式(2a) と (2b) が (1) における切片 a_j と傾き b_j に対応していることを明示的に表現するための添え字である。

式(1) に式(2a) (2b) を代入して整理すると式(3) となり、ここで第 1 水準分散は e_{ij} であり、第 2 水準分散は $u_{0j} + u_{1j} x_{ij}$ である。形自体は通常の回帰式と同等である。第 2 水準分散を第 1 水準分散と第 2 水準分散の和で除したものを級内相関と呼び、級内相関の値が大きければ文脈効果がある、すなわち独立変数と従属変数との関係がグループ間で異なると解釈される。またモデルのあてはまりの良さは逸脱度で判定し、その値は対数尤度の−2 倍である。絶対的な基準はないが[15]、逸脱度の小さいモデルがより良いモデルと解釈される。特に説明変数が追加された場合、逸脱度の減少幅が追加された説明変数の数の 2 倍を超えていれば、そのモデルはよりあてはまりの良いモデルになったと解釈される[14)]。

$$y_{ij} = a_0 + b_0 x_{ij} + (u_{0j} + u_{1j} x_{ij} + e_{ij}) \qquad \cdots(3)$$

交通行動調査は複数都市・ゾーンの住民を対象とすることが多い。都市やゾーンの単位を無視して個人単位の分析を行う場合、各都市内・ゾーン内の住民は一定の類似性を有していることが想定され、サンプルの独立性が保障されない。一方、都市単位あるいはゾーン単位の集計データを用いた場合、個人単位の誤差が考慮されない。マルチレベルモデルはこうした問題を回避するために有効である。

マルチレベルモデルは第 1 水準変数の分散や切片にランダム性を仮定することが可能であるが、本研究は第 1 水準独立変数が複数存在し、またゾーン間での第 1 水準独立変数と従属変数との関係性の相違についての考察を目的としていないため、第 1 水準独立変数と従属変数との関係は地域が異なっても同一であると仮定し、切片にのみランダム性を与えた。

8.2　データの概要

本研究では、東京都市圏内を対象としたアンケート調査の回答データを分析に用いた。調査は 2008 年 12 月から 2009 年 1 月にかけて、東京都心からおよそ 30 km 以内に位置する 27 ゾーンの住宅地を対象として実施した。調査形式はポスティング配布、郵送回収形式である。調査対象地域の選定にあたっては、各地域の人口密度、道路密度（面積当たり道路延長）、交差点密度（道路延長当たり交差点数）、行き止まり密度（道路延長当たり行き止まり点数）、最寄駅までの距離、都心までの距離の各指標が各地域相互間でばらつくように考慮した。アンケート配布枚数は各地域当たり 1,000 通であるが、大規模集合住宅でのみ構成される 1 地区では配布条件の制約により 400 通の配布であった。

本アンケートにおける質問項目は、「交通行動に関する項目」「個人属性に関する項目」「世帯属性に関する項目」である。合計配布数 2 万 6,400 通に対し回収総数は 2,404 票であったが、分析には上記各項目についてそれぞれ 1 問以上の回答を有する票を有効票として用いた。その総数は 2,341 通であり、有効回答率は 8.9％である。ゾーン別有効回答数の平均は 86.7 通であり標準偏差は

40.8 通、最大と最小がそれぞれ 172 通と 30 通であった。有効票にも回答が完全ではない票があるため、分析により観測数が異なる。

分析の従属変数には車保有台数、車分担、年間車利用距離を用いる。車分担は通勤通学において車利用がある場合を 1、ない場合を 0 とする二項変数である。独立変数は第 1 水準変数と第 2 水準変数からなり、第 1 水準変数はアンケート調査から取得した個人要因と世帯要因からなる。第 2 水準変数は国勢調査、事業所統計、各対象自治体のデータおよび GIS データ[19]より取得した、調査対象ゾーンごとの都市環境要因により構成される。本研究で使用した変数を表 8.1 にまとめる。

収集したアンケート調査データについて、ゾーン別の人口密度と年間の 1 人当たり車利用距離の関係を図 8.2 に示す。図 8.1 で示した Newman ら[2]による散布図と同様、人口密度と車利用距離には負の相関が認められる。ここで人口密度に対する車利用距離の弾力性は－0.853 である。よってこのデータは、

表 8.1　分析に使用した変数

変数種	属　性	変　数	単　位
従属変数	車利用	車保有台数	台 / 世帯
		車分担	車利用＝1
		年間車利用距離	km/ 年
独立変数	都市環境要因（第 2 水準）	人口密度	人 /km^2
		雇用密度	従業者 /km^2
		道路密度	km/km^2
		交差点密度	点 / 道路 km
		行き止まり密度	点 / 道路 km
		最寄駅距離	km
		東京都心距離	km
	個人・世帯要因（第 1 水準）	最寄駅徒歩時間	分
		世帯規模	人 / 世帯
		子供ありダミー	子供あり＝1
		居住年数	年
		一戸建てダミー	一戸建て＝1
		年齢	歳
		男性ダミー	男性＝1
		短大卒以上ダミー	短大卒以上＝1
		就業就学者ダミー	就業就学者＝1

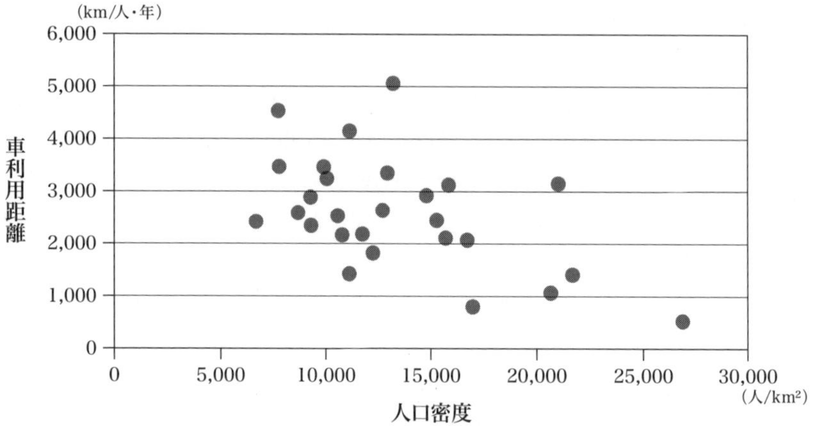

図 8.2　アンケートデータによる人口密度と車利用距離の相互関係

Newman らにより分析されたデータと同様の特性を有していると考えられる。

8.3　マルチレベルモデルを用いた推定結果

マルチレベルモデルを活用して、個人・世帯要因および都市環境要因が車利用に与える影響について考察する。本節と次節における分析には Windows 版統計解析ソフト R 2.10.1 を使用した。車保有台数と車利用距離に関するモデルには線形回帰を、車分担に関するモデルにはロジスティック回帰モデルを使用した。マルチレベル・ロジスティック回帰モデルはマルチレベル線形モデルと同様であり、モデルは式(3a) の形をとる。ここでは交通手段として車を選択する確率である。また分析における推定法は最尤推定法である。

$$log\ (p/1-p) = a_0 + b_0 x_{ij} + (u_{0j} + u_{1j} x_{ij} + e_{ij}) \qquad \cdots(3a)$$

分析にあたっては各従属変数に対して 3 つのモデルを作成した。まず独立変数を投入せず切片のみを用いるモデルをモデル 0 とする。モデル 0 は級内相関から第 1 水準変数と第 2 水準変数の影響力の差を知る指標となるとともに、逸脱度の初期基準値を提供するものである。モデル 1 は独立変数に各調査対象地域の人口密度のみを投入したモデルであり、モデル 2 は全独立変数を投入したモデルである。

モデル 0 による推定結果を表 8.2 に示す。本表における逸脱度の値が、これ以降のモデル推定結果における逸脱度との比較においてモデルのあてはまりの良さの基準値となる。級内相関の値をみると、車保有台数と車利用距離のどちらもその値は小さく、人口密度や道路形状などの都市環境要因より個人・世帯要因が車利用に大きく影響していることが指摘される。級内相関の値が小さければ文脈効果が小さいとみなされ、マルチレベル分析の有効性は薄れるが、本稿では低い値ながら級内相関が観測されていること、また通常の回帰モデルとマルチレベルモデルとの比較を行うことを踏まえ、マルチレベル分析を実施した。切片の値から、調査対象地域における平均車保有台数は 0.85 台 / 世帯、平均車利用距離は 2,611.2 km/ 年である。有効回答全体の 24.6%が車を保有しておらず、車 1 台保有が 62.8%、2 台以上保有が 12.6%である。

独立変数として各調査対象地区の人口密度を投入したモデル 1 の推定結果を表 8.3 に示す。独立変数 1 つの投入に対していずれのモデルにおいても逸脱度が 2 以上減少していることから、いずれの車利用変数に対しても人口密度がそのあてはまりの良さの向上に貢献していると解釈される。車利用の各変数に対する人口密度の影響はいずれも負であり、有意水準 1%ないし 5%でそれぞれ

表 8.2　独立変数を投入しないモデルの推定結果

従属変数	車保有台数		車分担		車利用距離	
モデル	モデル 0		モデル 0		モデル 0	
逸脱度	4,361		913		44,893	
級内相関	0.102		-		0.035	
観測数	2,336		1,166		2,291	
グループ数	27		27		27	
独立変数	係数	標準誤差	係数	標準誤差	係数	標準誤差
切片	0.848	0.042***	−1.973	0.130***	2611.200	185.300***

***：有意水準 1%で有意、**：有意水準 5%で有意、*：有意水準 10%で有意

表 8.3　人口密度のみを投入したモデルの推定結果

従属変数	車保有台数		車分担		車利用距離	
モデル	モデル 1		モデル 1		モデル 1	
逸脱度	4,344		910		44,884	
観測数	2,336		1,166		2,291	
グループ数	27		27		27	
独立変数	係数	標準誤差	係数	標準誤差	係数	標準誤差
切片	1.274	0.0934***	−1.174	0.333***	4056.944	488.889***
人口密度	−0.00003	0.00001***	−0.00006	0.00003**	−0.112	0.036***

***：有意水準 1%で有意、**：有意水準 5%で有意、*：有意水準 10%で有意

表 8.4　全独立変数を投入したモデルの推定結果

従属変数	車保有台数		車分担		車利用距離	
モデル	モデル 2		モデル 2		モデル 2	
逸脱度	3,787		813		43,065	
観測数	2,253		1,143		2,210	
グループ数	27		27		27	
独立変数	係数	標準誤差	係数	標準誤差	係数	標準誤差
切片	0.04662	0.23450	−3.85700	1.20500***	569.000	1430.000
都市環境要因						
人口密度	−0.00001	0.00001*	−0.00001	0.00004	−0.097	0.041**
雇用密度	−0.00001	0.00001	−0.00013	0.00008	−0.070	0.083
道路密度	0.00101	0.00351	0.01465	0.01636	17.840	20.450
交差点密度	0.02845	0.02356	−0.01426	0.11900	203.700	138.400
行き止まり密度	−0.17390	0.15850	0.26990	0.83020	−1400.000	937.100
最寄駅距離	0.08006	0.04195*	0.36170	0.23270	33.970	262.100
都心距離	0.00683	0.00266**	0.00116	0.01311	4.119	15.490
個人・世帯要因						
最寄駅徒歩時間	0.00014	0.00154	0.00609	0.01105	7.128	11.170
世帯規模	0.16150	0.01220***	0.04533	0.08972	112.300	90.940
子供ありダミー	−0.04557	0.03914	0.67090	0.25500***	528.200	289.500*
居住年数	0.00226	0.00249	−0.05966	0.01795***	7.806	18.290
一戸建てダミー	0.26650	0.03072***	0.80570	0.21470***	−15.880	221.600
年齢	−0.00146	0.00116	0.03654	0.00938***	−8.579	8.625
男性ダミー	0.01619	0.02638	−0.24240	0.19680	2190.000	196.000***
短大卒以上ダミー	−0.02425	0.02662	−0.41030	0.20580**	−42.320	197.400
就業就学者ダミー	0.10700	0.02824***			885.900	210.000***

***：有意水準 1%で有意、**：有意水準 5%で有意、*：有意水準 10%で有意

有意であった。既往研究で示されてきた人口密度と車利用との負の相互関係が、本モデルによっても認められる。

表 8.1 に示した第 1 水準変数および第 2 水準変数の全てを独立変数として投入したモデル 2 の推定結果を表 8.4 に示す。いずれのモデルにおいても、独立変数の投入による逸脱度の改善値は自由度の減少幅の 2 倍を超えていることから、人口密度以外の変数を投入することがモデルのあてはまりの良さを向上させるうえで有効であると認められる。

車保有台数を対象としたモデルでは、人口密度の影響の有意性は低下し、その影響は有意水準 10%で有意に負であった。その一方で、各調査対象地区の

最寄駅からの距離や東京都心からの距離の影響がそれぞれ有意水準10%あるいは5%で有意であり、またその係数の値はいずれも正であった。人口密度と最寄駅からの距離、および人口密度と東京都心からの距離の間には負の相関関係が存在していることから（第2水準での相関係数−0.168および−0.563)、人口密度と車利用との関係性の一部が都心や最寄駅からの距離と車保有台数との関係性で説明できる可能性があることが示唆される。また都心から離れるに従い公共交通の整備密度は低下し、最寄駅からの距離の増加は公共交通へのアクセシビリティの低下を意味する。このため公共交通の日常的利用可能性は都心と比較して相対的に低下し、車保有の増加に帰結しているものと推測される。

個人・世帯属性に着目すると、一戸建てダミーや世帯規模も車保有台数に対し有意に正の影響力を有していた。一戸建て居住は駐車スペースを確保しやすく車保有および管理を比較的容易にしていることが考えられる。また世帯規模と一戸建て居住には正の相関があり（第1水準での相関係数0.157)、世帯人員による同一のトリップが生じる可能性が大きい大規模世帯では車利用志向が比較的強く、また同時に一戸建て居住を好む傾向が考えられ、車保有台数の増加につながっているものと推測される。一戸建て居住は集合住宅居住と比較してより低密度な住宅地を形成することから、一戸建て居住に伴う車保有の増加が人口密度と車保有との負の相互関係を導く一因であることが示唆される。

車分担に関するモデルをみると、人口密度を含めいずれの都市環境要因も車分担に対して有意な影響力はないとの結果が得られ、通勤通学目的において車を使用するか否かはひとえに個人・世帯要因が寄与していると言える。その中では居住年数が車分担に対して有意に負の影響を与えていることが興味深い。新たな土地における居住では、交通ネットワークに対する知識不足から公共交通機関を回避し車利用を選好する可能性が指摘される。

車利用距離に関するモデルにおいては、人口密度は有意水準5%で有意に負の影響力を有していた。個人・世帯要因では男性ダミーおよび就業就学者ダミーが有意水準1%で有意に正の影響力を有していた。男性ダミーと就業就学者ダミーの間には正の相関があり（第1水準で相関係数0.306)、通勤通学行動が車利用距離増加に寄与する大きなファクターとなっているとともに、男性ダミーが車利用距離と正に有意な影響力を有する一因になっていると考えられる。

表8.3と表8.4とを比較すると、人口密度は単独でモデルに投入された場合にはいずれの指標に対しても有意に負の影響力を有していた。独立変数を拡張したモデル2においては、人口密度は車保有台数や車利用距離に対しては有意性は低下しつつも有意な影響力を保っていたが、車分担に対しては有意ではなかった。このことから、車分担に対しては都市環境より個人・世帯要因や嗜好が大きく関与し、車保有台数や車利用距離は人口密度や道路形状など都市環境要因にも左右される可能性があることが示唆された。

車保有台数に関しては都心からの距離や最寄駅からの距離が有意な影響力を示しており、公共交通機関の整備が車利用の抑制に寄与する可能性があることが示されたとともに、人口密度と車利用との関係性の一部が都心や最寄駅からの距離で説明できる可能性があることが示唆された。

8.4　通常の回帰モデルとの比較

マルチレベルモデルと通常の回帰モデルによるモデル推定値の相違、および通常の回帰モデルにおける集計水準の違いによるモデル推定結果の相違について考察する。前節で示したモデル2に用いたものと同じ独立変数と従属変数について、個人単位で回帰したもの（第1水準回帰）ゾーン単位で回帰したもの（第2水準回帰）の分析結果を表8.5に示す。ここで第2水準回帰に用いた個人・世帯要因の値は、各ゾーンに含まれる個人単位の個人・世帯要因の平均値である。

まず第1水準回帰結果と第2水準回帰結果を比較すると、いずれの車利用変数においても第2水準回帰におけるR^2値は第1水準回帰におけるそれを大きく上回る。特に車保有台数および車利用距離に対しては、第1水準回帰ではR^2値が0.1～0.2と低い値であるのに対して第2水準回帰では0.7～0.8であり、適用する水準の相違により結果の解釈に大きなかい離が生じる可能性が指摘される。

独立変数の有意性について検討すると、いずれの車利用変数に対しても第1水準回帰における独立変数の有意性は高い一方、第2水準回帰において有意な結果を示した独立変数は第1水準回帰におけるそれと比較して減少した。特に車分担に関する第2水準回帰では、有意な関係性を示した独立変数は1つも存在していない。つまり全体として、第1水準での分析は有意性をより甘く、第2水準での分析は有意性をより厳しく判定する傾向にあると言える。

表 8.5　通常の回帰モデルを用いた推定結果

従属変数	車保有台数		車分担		車利用距離	
モデル	第 1 水準回帰	第 2 水準回帰	第 1 水準回帰	第 2 水準回帰	第 1 水準回帰	第 2 水準回帰
R^2	0.200	0.795	0.041	0.065	0.104	0.725
観測数	2,253	27	1,143	27	2,210	27
独立変数	係数	係数	係数	係数	係数	係数
切片	0.04700	0.71020	−0.08514	0.56640	648.700	4436.000
都市環境要因						
人口密度	−0.00001***	−0.00002**	0.00000	0.00000	−0.092***	−0.165***
雇用密度	−0.00002*	−0.00003*	−0.00001*	−0.00002	−0.074	−0.171*
道路密度	0.00067	−0.00187	0.00197	−0.00027	13.490	−15.530
交差点密度	0.03555***	0.07597**	−0.00009	0.01173	221.900**	642.300***
行き止まり密度	−0.16360*	−0.18020	0.04417	−0.03298	−1295.000*	−1231.000
最寄駅距離	0.08018***	0.05476	0.03649*	−0.00428	−16.380	285.900
都心距離	0.00603***	0.00460	0.00016	0.00030	4.330	−1.823
個人・世帯要因						
最寄駅徒歩時間	−0.00033	−0.00281	0.00079	−0.00036	8.755	3.088
世帯規模	0.16730***	0.08050	0.00359	0.03752	99.200	−2759.000**
子供ありダミー	−0.03914	0.90190	0.06919**	0.07425	582.500**	10730.000**
居住年数	0.00140	0.02644	−0.00626***	0.00482	2.842	164.600
一戸建てダミー	0.22570***	0.01500	0.09441***	0.04104	30.850	−135.600
年齢	−0.00128	−0.01484	0.00356***	−0.00540	−9.631	−80.260
男性ダミー	0.01962	0.33520	−0.02811	−0.18350	2205.000***	5030.000
短大卒以上ダミー	−0.04475*	−0.36510	−0.04471**	−0.33750	−147.900	−1646.000
就業就学者ダミー	0.10750***	0.14890			900.200***	3936.000

***：有意水準 1%で有意、**：有意水準 5%で有意、*：有意水準 10%で有意

各サンプルがいくつかのグループに属している場合、各グループ内のサンプル同士は類似性が比較的強く、サンプルの独立性の仮定が成立しない可能性がある[14)]。その場合、グループを無視した分析では有意性検定が甘くなる傾向にあることが指摘されており[14)]、本表における結果はそのことを裏付けるものである。表 8.2 に示すとおり本研究に使用したデータにおける級内相関の値は比較的低いものであったが、それにもかかわらず第 1 水準回帰結果と第 2 水準回帰結果の間には有意性判定に大きな相違がある。有意性はないながらも係数の符号が逆転しているケースもあり、こうしたデータを用いた分析においては水準間の文脈効果、すなわち級内相関の存在を意識しモデル構築には特に慎重になる必要があると言える。

表 8.4 と表 8.5 を比較すると、各独立変数の有意性判定に関して、マルチレベルモデルは第 1 水準回帰と第 2 水準回帰の中間に位置していると捉えることができる。有意であると判定された独立変数に関しては、マルチレベルモデルと第 1 水準回帰・第 2 水準回帰との間で係数符号の逆転が生じているケースはない。また特に人口密度に着目すると、通常の回帰分析においては 6 モデル中 4 モデルにおいて有意水準 5%以下のレベルで推定結果が有意であった一方、マルチレベルモデルにおいては 3 モデル中 2 モデルで推定結果が有意であったもののその水準は低下している。これまでの個人水準あるいはゾーン・都市水準に統一した分析を用いた既往研究では車利用の人口密度に対する有意な影響が指摘されてきたが、変数の水準を考慮したマルチレベルモデルを使用した分析では異なる結果が示される可能性があることを示唆するものである。

8.5　結論と今後の課題

本章では、アンケート調査とマルチレベルモデルによる分析を通じ、車利用に影響を与える個人・世帯要因および都市環境要因の推定を試みた。また、個人水準およびゾーン水準での回帰モデルを用いた分析結果と比較し、異なるモデルの使用による結果の相違について考察した。

その結果、人口密度を単独でモデルに投入した場合には車利用に関する 3 つの指標全てに対して人口密度が有意な影響力を示していたが、独立変数を拡張した場合には各車利用変数に対する人口密度の有意性は低下し、車分担に対しては有意性が認められなかった。このことから、車保有や車利用距離に対しては都市環境要因が一定の影響力を有しているものの、全体として個人・世帯要因の影響力は強く、特に車分担に対しては個人要因が大きく作用していることが指摘された。また人口密度と車利用の関係の一部が都心からの距離や最寄駅からの距離で説明できる可能性があることを確認した。

通常の回帰モデルによる推定結果との比較を通じた分析では、データの水準の相違により推定結果に差異が生じ、その結果の解釈に関わる可能性があることを確認した。マルチレベルモデルによる結果と通常の回帰モデルによる結果にも相違が生じることを示し、グルーピング可能なデータを用いる場合の独立変数のモデルへの投入法に注意を要することを指摘した。

本章は全体的に比較的密度が高く公共交通も発達した東京都市圏のみを対象としたアンケート調査データを用いた。そのため全体として比較的類似したサンプルとなり、人口密度は高めに、車利用は低めに偏っていた可能性がある。級内相関が比較的低かった要因のひとつとしてこの事実を挙げることができる。地区間の差異をより考慮した分析を行うためには、低密度な地方部におけるデータの導入が必要であると考えられる。

本章では、ゾーン間における独立変数と従属変数との関係性の差異についての考察を行わなかったが、マルチレベルモデルではそのような検討も実施可能である。特に少数の第１水準独立変数に注目した分析を行う場合には、切片にのみならず傾きにもランダム性を仮定することにより、さらに文脈効果を考慮することが可能になるものと考えられる。

8 章　Appendix　車利用距離と都市圏人口密度の相互関係

ここでは、都市ごとに車利用距離と都市圏人口密度を収集した場合の両者の相互関係（図 8.1）について考察してみる。両者の相互関係を検討するうえでは、まず、都市ごとに車利用距離（km/ 人・年）、都市圏面積（km^2）、都市圏人口（人）に関するデータが必要となり、都市圏人口密度（人 /km^2）はほとんどの場合、都市圏人口を都市圏面積で除して求める。これに対して、車利用距離（km/ 人・年）を求める方法はいくつか考えられる。1 つ目は、対象都市圏におけるパーソントリップ調査等の個人回答値をそのまま用いる方法である。この方法の場合、車利用距離の個人回答値と当該個人が属する都市圏の人口密度は相互に独立に求められている。2 つ目は、路側等における観測交通量の対象都市圏における総和を求め、これを都市圏人口で除して求める方法である。この方法の場合、車利用距離と都市圏人口密度は相互に独立に求められている、と言えるであろうか？

試みに、それぞれ 100 個の一様乱数（0 ～ 1）からなる A、B、C の 3 系列の数値セットを 100 セット用意して、A/B と B/C の 2 変数間の弾力性を 100 個求めてみた。結果を図 8.A.1 に示す。

図 8.A.1 で示された弾力性の平均値は－0.49、標準偏差は 0.12 であるので、この例の場合、2 変数は相互に独立であるとは言えない。その原因は、2 変数が 1/B と B という形で 1 系列 B から派生している点にある。

図 8.1 で対象とされている各都市圏において、車利用距離（km/ 人・年）をどのように求めているか、詳細については明らかではない。そもそも図 8.1 は因果関係を示しているわけではないが、仮に因果関係があったとして、政策検討において人口密度に対する車利用距離の弾力性－0.631 を想定することは難しいであろう。これらの点については、すでに図 8.1 の作成者らによっても議論されているところである[2)]。さらに、人口密度に対する車利用距離の弾力性は－0.05 という非常

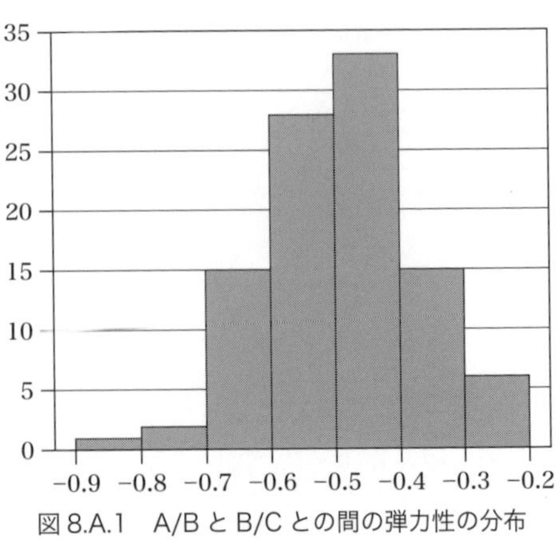

図 8.A.1　A/B と B/C との間の弾力性の分布

に低い値を示唆するレビュー論文もある[17]。果たして、どのようなメカニズムで、人口密度に対する車利用距離の弾力性はバラついているのであろうか。

【謝辞】

Appendixにおいては川崎直哉氏（東京工業大学大学院生）の補助を得た。謹んで謝意を表したい。

【参考文献】

1) Intergovernmental Panel on Climate Change, Mitigation, Contribution of Working Group III to the Fourth Assessment Report of the Intergovernmental Panel on Climate Change, Cambridge University Press, Cambridge, United Kingdom, 2007

2) Newman, P. and Kenworthy, J. R., Sustainability and Cities：Overcoming Automibile Dependence, Island Press, Washington, DC, 1999

3) Mindali, O., Raveh, A. and Salomon, I., Urban density and energy consumption：A new look at old statistics, Transportation Research Part A, Vol.38, pp.143-162, 2004

4) Steiner, R., Residential density and travel patterns：Review of the literature, Transportation Research Record, No.1466, pp.37-43, 1994

5) Brindle, R., Lies, damned lies and "automobile dependence" -Some hyperbolic reflections, Australasian Transport Reseach Forum, Vol.19, pp.117-131, 1994

6) 中村隆司、堀池泰三、一般世帯の自動車ガソリン消費の都市による違いをもたらす都市形態及び都市計画からみた要因、都市計画、No.235、pp.54-62、2002

7) 谷口守、村川威臣、森田哲夫、個人行動データを用いた都市特性と自動車利用量の関連分析、都市計画論文集、Vol.34、pp.967-972、1999

8) 松橋啓介、大都市圏の地域別トリップ・エネルギーから見たコンパクト・シティに関する考察、都市計画論文集、Vol.35、pp.469-474、2000

9) Cervero, R., Mixed land-uses and commuting：Evidence from the American Housing Survey, Transportation Research Part A, Vol.30（5）, pp.361-377, 1996

10) Sun, X., Wilmot, C. G. and Kasturi, T., Household travel, household characteristics, and land use：An empirical study from the 1994 Portland Activity-based Travel Survey, Transportation Research Record, No.1617, pp.10-17, 1998

11) Schimek, P., Household motor vehicle ownership and use：How much does residential density matter?, Transportation Research Record, No.1552, pp.120-125, 1996

12) Dargay, J. and Gately, D., Income's effect on car and vehicle ownership, worldwide：1960-2015, Transportation Research Part A, Vol.33, pp.101-138, 1999

13) 力石真、藤原章正、趙峻屹、Axhausen, K. W.、6週間の交通日誌データを用いた交通行動の変動特性の分析－活動発生と出発時刻を例に、土木計画学研究・論文集、Vo.26（3）、pp.447-455、2009

14) Kreft, I.、de Leeuw, J.、基礎から学ぶマルチレベルモデル、ナカニシヤ出版、2006

15) 村澤昌崇、高等教育研究における計量分析手法の応用（その１）－マルチレベル分析－、広島大学高等教育研究開発センター大学論集、Vol.37、pp.309-327、2006
16) 三井造船システム技研、道路地図 V2004/9、2004
17) Ewing, R. anad Cervero, R., Travel and the built environment：A synthesis, Transportation Research Record, No.1780, pp.87-114, 2001

第９章　鉄道整備の人口密度と車利用への影響

9.1　鉄道の整備が及ぼす影響

近年の交通機関の発達、特に利便性の高い車利用の普及により都市は拡大し、環境負荷の増大が深刻な問題となっている。そのため、車依存を抑制しようとするさまざまな方策が研究され、また実施されている。

その中で、Newman ら[1)]をはじめとして、都市の高密度化による車利用の抑制施策の有効性が多く主張されている。都市構造と車利用に関する弾力性分析[2),3)]も、都市の高密度化が車利用に負の影響を与えることを明らかにしている。国内でも、複数の都市を対象としたガソリン購入量と都市特性との関係の分析[4)]、仙台都市圏を対象とした施策シナリオ分析[5)]、広島都市圏における運輸エネルギー消費量分析[6)]、京阪神都市圏におけるトリップエネルギーと地域特性との関係の分析[7)]などが行われ、都心集中型都市や高密度都市における交通エネルギー消費量の抑制傾向が示されてきた。

このように、人口密度と車利用との関係を分析した研究は多数あるが、その背景に存在する因果関係は明確に示されておらず、さらなる研究の蓄積と深度化が必要である。

都市の密度と車利用との相互関係には、鉄道をはじめとする公共交通の利用可能性の向上が寄与している可能性が指摘されている[8)]。鉄道整備を通じて都市密度を維持し、利便性向上と車利用削減を目指す政策のひとつが公共交通指向型開発（TOD：Transit Oriented Development）であり、車依存の高いアメリカの都市においても TOD 実現に向けた LRT 等の整備が進められている[9)～11)]。TOD 実現のためには一定の都市規模を有し、かつ高密度な人口分布が必要であるほか[12),13)]、公共交通の運行に必要な最低居住密度も指摘されている[14)]など、都市構造や土地利用を公共交通整備の必要条件と捉えた研究が多く示されている。このことから、人口密度や土地利用の面で一定の条件を満たす都市整備を行うことによって公共交通利用を促進し、その結果として車利用を削減する、という１つの関係の存在を仮定できる。

逆に、公共交通が沿線の土地利用に影響を与えているという考え方も存在する。この点についてはこれまでに、不明確な点は多いものの公共交通と土地利用との間には双方向の関係性が認められること[15]や、鉄道整備の土地利用への影響は存在するがその大きさは高速道路のそれと比較して小さく、その影響は地域や駅ごとに大きく異なり、また、さまざまな条件が存在すること[16]などが指摘されている。

ここで仮定されるのは、公共交通整備を起点とし、公共交通の整備によって高い人口密度が維持されると同時に公共交通の利用が向上し車利用が削減される、という2つのベクトルを持った流れである。

公共交通が沿線の土地利用や交通行動に与える影響に関する文献はいくつかみられる。Luk[17]はオーストラリアの2都市において、鉄道整備がもたらした並行高速道路の交通量削減量が非常に小さかったことを報告している。アメリカにおいても、Knightら[18]のレビュー論文が、公共交通の新規整備が必ずしも都市圏全体の発展をもたらさないことを指摘しているほか、アトランタ[19]やサンフランシスコ[20],[21]における鉄道システムの整備が沿線の人口や雇用に与えた影響がさほど大きくなかったことが報告されている。

公共交通の整備が沿線の地価や資産価値に与える影響の分析も行われている。田村ら[22]や岩倉ら[23]は、日本国内における駅周辺で地価が高いことや駅整備による地価上昇効果の存在を指摘している一方、Gatzlaffら[24]は、米国マイアミにおける鉄道建設の決定が沿線の住居価格に与えた影響は小さいと結論づけた。英国においても、駅への近接性が住居価格を低下させる影響を有していることが示されている[25]。

このように、人口密度と車利用との間に公共交通整備が介在している可能性があるが、その因果関係については明らかでない点も多い。人口密度と車利用との間に存在する因果関係を明らかにするとともに、人口密度を上昇させ車利用を削減していくための方策のひとつとしての公共交通整備の有効性について検討することは、交通による環境負荷を低減していくうえで重要である。

本章では日本全国を対象として、公共交通、特に鉄道の整備が鉄道駅周辺に及ぼす影響を分析する。鉄道駅の有無による人口密度や車利用の変化の違いの分析を通じて、公共交通整備が人口密度と車利用との相互関係間に介在する可能性を明らかにすることを目的とする。9.2節で既往研究を概観し、9.3節では使用したデータについて説明する。9.4節ではクロスセクション分析の結果、9.5節では時系列データに基づく分析結果をそれぞれ示す。9.6節では結論を整理する。

9.2　データの概要

写真 9.1　アトランタの公共交通システム MARTA

本章では日本の国勢調査対象地域全域を対象とし、地域メッシュ統計の 3 次メッシュ（1 辺約 1 km）を用いて分析を行った。分析データは 1970 〜 2000 年まで 10 年ごと、計 4 か年分の国勢調査データ[26]である。分析に用いた主な指標は、各メッシュの人口密度と通勤通学目的の交通機関別利用率である。人口密度は各メッシュの総人口を陸地面積で除した値である。面積データ[27]の調査年は分析対象年と一致しないことから、人口密度の算出には各年に最も近い年の面積データを用いた。

対象年における人口、人口密度を表 9.1 の左側に示す。人口は 30 年間でおよそ 2,100 万人増加し、それに伴い人口密度も約 70 人 /km^2 上昇した。

鉄道施設関連指標を表 9.1 の中央に示す。1970 年以降、鉄道輸送の合理化により地方において鉄道路線の廃止が進み、1980 年代にかけて鉄道路線長や駅数は減少の一途をたどってきた。しかしその流れの終息や都市近郊鉄道や地下鉄の新規建設により、営業キロ・駅数ともに再び増加に転じている。1970 〜2000 年で 68 社 238 区間、2,128.5 km の路線が整備されたが、同期間に国鉄（JR）だけで 2,109.9 km の路線が廃止された。本研究で用いた鉄道ネットワークデータ[28]には現在の全国の鉄道路線、および駅位置のデータが含まれているが、廃止済み路線は含まれていないため、今回は 2000 年時点で現存する路線に対象を絞り、過去における路線の廃止は考慮しなかった。よって、使用したデータにおいては、鉄道路線長・駅数ともに分析対象の 30 年間で単調増加している。

各メッシュにおける鉄道整備度を表現する指標として、鉄道駅から各メッシュまでの距離に基づく区分を用いた。まず、各対象年において鉄道駅が存在するメッシュをメッシュ A とした。次にそれに隣接するメッシュをメッシュ B とし、さらにそれに隣接するメッシュをメッシュ C とした。それ以外のメッシュはその他メッシュとした。この区分を図 9.1 に示す。各メッシュの大きさはほぼ 1 km 四方であることから、メッシュ A の中心に駅が存在すると仮定した時、メッシュCの中心からその駅までの距離は約2～2.8 kmである。複数の駅に対して異なる区分となるメッシュについては、上位の区分を採用した。たとえばある駅に対してメッシュB、別の駅に対してメッシュCとなるメッシュはメッシュBとした。

各年における各メッシュ数を表9.1の右側に示す。人口が0人であり、かつ鉄道整備度の区分でA～Cのいずれにも当てはまらないメッシュを除く分析対象メッシュ数は21万134である。2000年における、分析対象メッシュに占めるメッシュAの割合は4.5%であり、またそれに占めるメッシュA～Cの割合は43.5%である。1つのメッシュに複数の駅が立地するケースなどがあるため、駅数とメッシュAの数は一致しない。

表9.1　各年における人口、人口密度、鉄道施設関連指標

年	人口[27]	人口密度[27,28]（人/km^2）	鉄道施設[29]		鉄道整備度別メッシュ数		
			路線長（km）*	駅数	区分A	区分B	区分C
1970	105,869,805	280.61	27,104	10,306	8,774	38,608	40,478
1980	117,060,314	310.27	26,916	9,519	9,003	39,322	41,033
1990	123,611,156	343.67	27,407	9,847	9,271	39,998	41,494
2000	126,925,768	350.16	27,438	10,114	9,410	40,289	41,685

*：路線長には貨物専用線を含む。

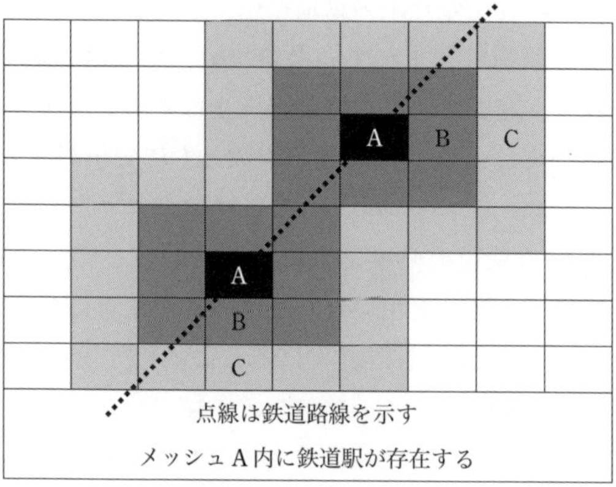

図9.1　メッシュ区分

9.3　2000 年を対象としたクロスセクション分析

2000 年を対象としたメッシュ区分別の各指標の値を表 9.2 に示す。鉄道駅至近のメッシュにおける人口密度は全国平均より高く、特にメッシュ A における人口密度は全国平均のそれの 10 倍以上に達する。また、メッシュ C においても平均人口密度が全国平均を超えることから、鉄道駅周辺における高い人口密度が確認できるとともに、その影響範囲はおよそ 3 km に達することが示唆される。

通勤・通学目的の交通機関別利用率をみると、鉄道利用率は鉄道駅に近づくほど高くなる一方、鉄道駅から 3 km 以上離れた地域の居住者はほとんど鉄道を利用していない。

自家用車利用率は鉄道駅から遠ざかるにつれて単調に増加している。メッシュ A では自家用車利用率は鉄道利用率を下回っているものの、メッシュ B 以遠の地域では各手段中で自家用車利用率が最も高い。鉄道駅の存在によって自家用車利用が抑制されている一方、鉄道駅から遠方の地域においては自家用車依存が強いと言える。

メッシュ区分とバス利用率との関係は単調ではない。バス利用率が最も大きいのはメッシュ C であり、それより駅に近いメッシュも遠いメッシュもその値は小さい。鉄道駅から一定程度離れた地域におけるバス利用率が比較的高い要因として、バスに依存した駅アクセスが一定量存在している可能性を指摘できる。同様の現象は、メッシュ B において利用率が最も高い自転車でもみられる。

メッシュ A から C を「鉄道駅あり」メッシュ、その他メッシュを「鉄道駅なし」メッシュとして分類したうえで、各々について人口密度と自家用車利用率との関係を示したものが図 9.2 および図 9.3 である。図中の各ドットがメッ

表 9.2　2000 年におけるメッシュ区分別指標

メッシュ区分	A	B	C	その他	全　域
人口密度（人 /km^2）	3,724	1,430	454	77	350
鉄道利用率	0.33	0.24	0.13	0.05	0.22
バス利用率	0.06	0.09	0.10	0.06	0.08
自家用車利用率	0.28	0.40	0.52	0.55	0.41
自転車利用率	0.16	0.18	0.14	0.08	0.15

シュ 1 つを表す。まず両図の比較から、人口密度が 1 万 5,000 人 /km^2 を超えるような高密度なメッシュは鉄道駅付近にしか存在していないことが分かる。高密度を維持する要素のひとつとして鉄道駅が機能している可能性が示唆される。また、人口密度が 5,000 人 /km^2 を下回るような低密度メッシュにおいては、鉄道駅の有無にかかわらず自家用車利用に大きなばらつきが見られる。こうした低密度地域では、鉄道整備や人口密度以外の要素が自家用車利用に大きく影響しているものと考えられる。

人口密度と自家用車利用率との関係をみると、図 9.2 に示す鉄道駅ありのメッシュでは高密度化に従い自家用車利用率は低下しており、その値は最も高

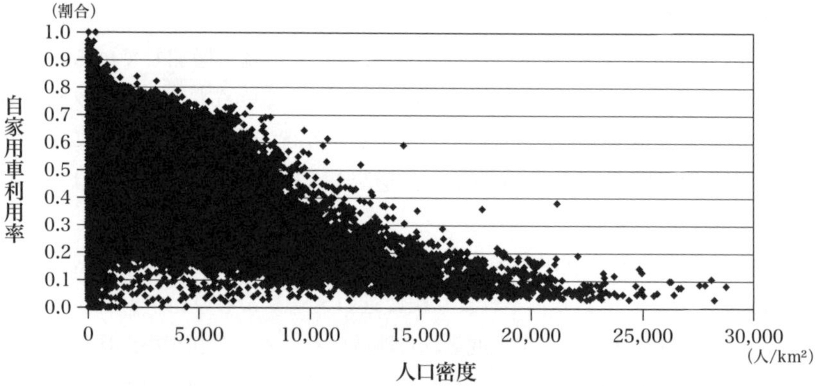

図 9.2　駅ありメッシュにおける人口密度と自家用車利用率との関係

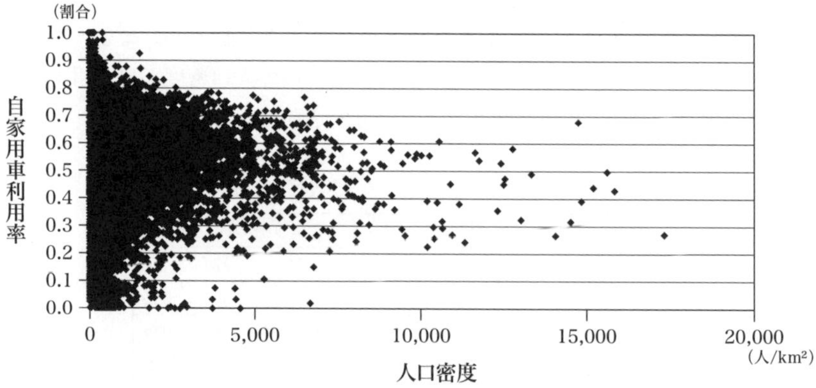

図 9.3　駅なしメッシュにおける人口密度と自家用車利用率との関係

密度なメッシュにおいておよそ0.1である。一方、鉄道駅なしのメッシュでは、高密度なメッシュにおいても自家用車利用率が 0.3 ～ 0.6 程度に分散しており、鉄道駅のない地域における自家用車利用が相対的に多いことが確認できる（図 9.3）。

以上より、鉄道駅の存在と高密度地域の存在が関連していることや、低密度地域以外において鉄道駅の存在と自家用車利用の抑制傾向が関連していることが示された。鉄道整備が人口密度と自家用車利用の双方に影響していることが示唆される。

9.4　1970 ～ 2000 年を対象とした時系列分析

人口が 0 人でないメッシュについて、30 年間の鉄道駅およびその新規整備の有無による人口密度と自家用車利用の時系列変化を定量化した。ここで、駅の整備によりメッシュ区分が変化したメッシュを「新たな駅整備が行われたメッシュ」と定義した。前述の通り、本研究では駅の廃止を考慮していないことから、駅からより遠方のメッシュ区分に変化することはなく、いずれもより駅に近いメッシュ区分への変化である。

各メッシュを「駅のないメッシュ」「既存駅はあるが新たな駅整備が行われなかったメッシュ」「新たな駅整備が行われたメッシュ」に分類し、各々について人口密度の変化を図 9.4 に示す。各メッシュの立地などの特性を考慮する

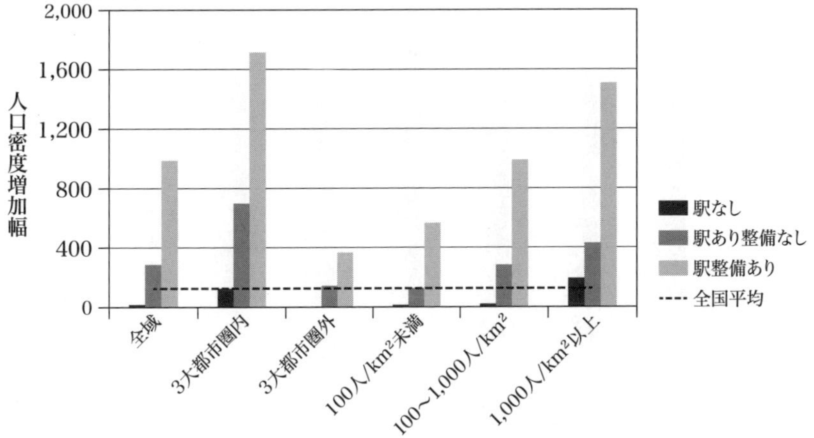

図 9.4　駅の有無と人口密度の変化

ため、特に東京・名古屋・大阪の三大都市圏への包含の有無や、1970 年時点における人口密度水準（以下「初期人口密度」と呼ぶ）によるメッシュのカテゴリ分けを行った。さらに、駅整備が行われたメッシュについて、その整備時期および駅整備が行われる前の既存駅の有無の違いによる人口密度の変化の違いを図 9.5 に示す。両図中において点線で示す、人口密度の全国平均値は 123 人 /km^2 である。また、自家用車利用率を対象として同様の分析を行った

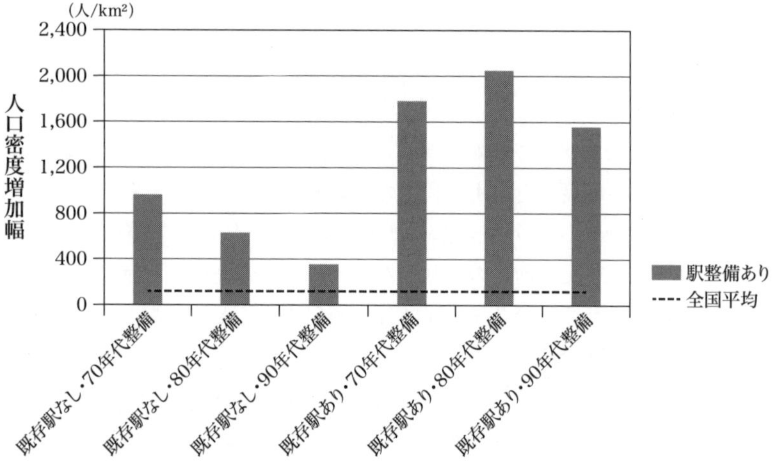

図 9.5　駅整備ありメッシュにおける既存駅の有無・整備年代と人口密度変化

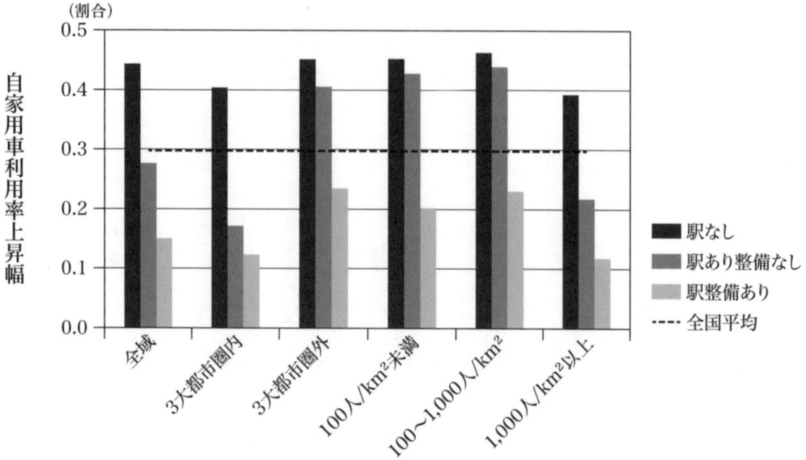

図 9.6　駅の有無と自家用車利用率の変化

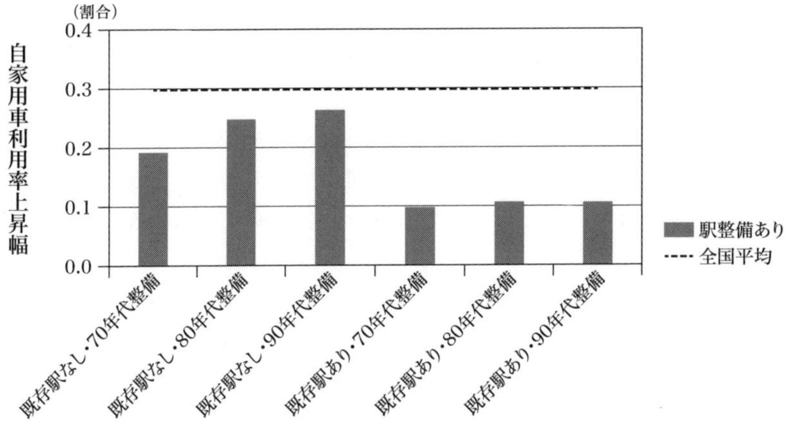

図 9.7　駅整備ありメッシュにおける既存駅の有無・整備年代と自家用車利用率変化

結果を図9.6および図9.7に示す。自家用車利用率の全国平均値は0.296である。

駅のないメッシュの人口密度上昇幅は総じて小さく、特に初期人口密度が1,000人/km^{2}に満たない地域においては全国平均を下回る。駅はあるが駅整備が行われなかったメッシュでは、三大都市圏内のメッシュや初期人口密度が100人/km^{2}以上の比較的高密度なメッシュで全国平均以上の密度上昇が確認された。駅整備が行われたメッシュでは人口密度上昇の傾向は強く、特に三大都市圏内における上昇幅が大きいほか、初期人口密度が高いほど顕著な密度上昇が認められた。また、新駅の整備年次が古い場合や、駅が整備される前に別の既存駅がある場合において特に人口密度上昇が大きいことが確認された。このことから、鉄道整備による密度上昇の継続的な影響の存在が示唆される。

自家用車利用率の変化をみると、駅のないメッシュでは三大都市圏への包含の有無や初期人口密度にかかわらず全国平均を上回った。駅があるが新規整備が行われなかったメッシュでは、特に三大都市圏内や高密度地域において上昇幅が全国平均以下に抑えられているものの、三大都市圏外や低密度地域では全国平均を上回り、鉄道のないメッシュのそれとほぼ同程度であった。駅整備の行われたメッシュではその幅は比較的小さく、高密度都市圏においては全国平均の半分程度に抑制されていた。平均的にみると、三大都市圏外や人口密度1,000人/km^{2}以下の低密度地域では、既存駅の有無にかかわらず、駅整備によって自家用車利用率の上昇幅を0.2（20ポイント）程度抑制する効果がもたらされていた。三大都市圏内や人口密度1,000人/km^{2}以上の高密度地域では、駅整備による自家用車利用率上昇の抑制効果は 0.1（10 ポイント）程度であったが、既存駅の存在によりもたらされる抑制効果が 0.2（20 ポイント）程度と大きい。

また、既存駅のないメッシュでは全体として利用率が大きく上昇しているものの、整備年次が古いほど自家用車利用が抑制される傾向にあった。既存駅のあるメッシュでは利用率上昇は小さかった一方、整備年次による大きな違いは確認されなかった。

以上より、全体として鉄道整備は人口密度上昇と自家用車利用削減に貢献している可能性があると言える。特に鉄道整備が人口密度上昇や自家用車利用率抑制に大きな効果を持ちうるのは比較的高密度な大都市圏であり、かつ 1970 年以前から鉄道輸送サービスが存在した地域である。また既存駅がなく新規に駅整備が行われたメッシュでは人口密度上昇傾向や自家用車利用率抑制傾向がみられた一方で、既存駅のあるメッシュではその影響力は不明確であった。

次に、1970 ～ 2000 年までに駅整備が行われた 3,245 メッシュについて、その 30 年間における人口密度と自家用車利用率のそれぞれの増減幅で 6 パターンに分類し、各パターンの地理的分布について考察した。各パターンの分類方法と該当メッシュ数、構成率を表 9.3 に示す。人口密度が上昇したメッシュは全体の 63%であり、自家用車利用率が減少したか、あるいは上昇幅が全国平均を下回ったメッシュは全体の 51.6%である。鉄道の有無によらず自家用車依存が浸透している一方で、鉄道の整備が人口密度を上昇させ、また自家用車利用をある程度抑制する効果を有している可能性が指摘される。

人口密度の増減について考察すると、札幌、仙台、東京、名古屋、大阪、広島など各地方の中枢都市に存在するメッシュは全体として密度が上昇する傾向

表 9.3　密度と自家用車利用の変化パターン

パターン	人口密度	自家用車利用率 *	メッシュ数	構成率
1	＋	＋＋	947	29.2%
2	－	＋＋	624	19.2%
3	＋	＋	1,004	30.9%
4	－	＋	445	13.7%
5	＋	－	92	2.8%
6	－	－	133	4.1%
合計			3,245	100.0%

* ＋＋：全国平均以上の増加、＋：全国平均未満の増加

にあった。その一方、三陸鉄道、阿武隈急行、北越急行、智頭急行沿線、四国各線など、居住人口が希薄な地方におけるメッシュではその大半で人口密度が減少していた。また、特に三大都市圏では、東京や大阪のニュータウン周辺等において人口密度上昇が顕著である一方、東京都心部では人口密度減少メッシュが集中していた。これらより、都市部における鉄道整備が人口密度上昇に寄与している一方、地方部においては鉄道整備が駅直近のメッシュに対しても人口密度を維持する効果を有していない事例も多く、人口密度維持のための鉄道整備には限界があると言える。都市部では本数も比較的多く利便性が保たれている場合が多いが、地方部では列車本数が少なく、沿線地域に対する影響力は弱いと考えられる。特に北越急行や智頭急行は都市間あるいは地方間輸送のバイパス路線として建設された意味合いも強く、そうした路線では人口密度の低下が著しい。

次に自家用車利用率の変化について考察する。自家用車利用率が低下しているメッシュが多数集積している地域は多摩ニュータウン周辺程度であり、それ以外はいくつかの地点に分散している。具体的には東京都心部と東京都＝埼玉県境付近、横浜市内、豊田市周辺である。自家用車利用率が増加しているものの全国平均を下回っているメッシュは、その大半が三大都市圏内に集中しており、地方部においては鉄道整備がなされたメッシュでも全国平均を上回る自家用車利用率の伸びが認められた。これらより、自家用車利用率が削減されたメッシュは大都市中心部やその近郊に集中しており、地方では中枢都市を含め、鉄道の整備にかかわらず自家用車への依存は増していると言える。

この原因としては、大都市では鉄道の利便性がある程度確保されている一方、地方では列車密度も比較的希薄であり、利便性が十分でないことから鉄道への十分な転換が促進されていないことが考えられる。また大都市圏では鉄道による移動可能範囲が面的に広がっているが、地方では鉄道サービス提供地域は一部に限られ、それ以外の地域における移動が自家用車に頼らざるを得ない状況であることも影響していると考えられる。

鉄道が整備された沿線で人口密度の上昇と自家用車利用率の低下が同時に発生したメッシュの分布をみると、その殆どは東京近郊の多摩ニュータウンや埼玉から横浜にかけての地域、そして大阪近郊の泉北ニュータウン等大都市圏近郊部に集中している。これらの地域は鉄道利用可能地域が広く、また本数も多く鉄道の利便性が維持されている。またニュータウン建設等によって住宅と鉄道が同時に整備された地域も多く、都市開発と鉄道の連携が比較的強いと考えられ、鉄道需要も旺盛であると言える。鉄道整備が人口密度上昇と自家用車利用減少をもたらすには、こうした大都市圏近郊部における鉄道整備が有効であると言える。逆に、その他の地方部においては、鉄道整備は人口密度上昇や自家用車利用抑制に大きく影響しているとは認められない。

9.5 鉄道整備による影響分析結果

本章では、日本国内の鉄道駅の整備前後における人口密度や交通行動の変化を分析し、鉄道駅整備がそれらに及ぼす影響について検討した。

クロスセクション分析では、鉄道駅のあるメッシュでは自家用車利用が抑制されているとともに相対的に高い人口密度が確認され、鉄道整備が人口密度と自家用車利用率の双方に影響を与えている可能性が示された。時系列分析では、鉄道駅整備の行われたメッシュにおいて人口密度の上昇傾向が顕著であったこと、自家用車利用率の上昇が抑制されたことが確認された。また、鉄道サービスの供給が十分であり、かつ需要が旺盛である大都市圏近郊部における鉄道整備が、より効果的に人口密度の上昇と自家用車利用の抑制を実現する可能性があることが示された。逆に、地方部においては、鉄道整備は人口密度の上昇や自家用車利用の抑制には大きく影響しているとは言えず、自家用車利用抑制のためには鉄道整備に頼らない政策が必要であることが示唆された。最後に、特に人口密度が高く、交通サービスがすでに普及している都市圏において、公共交通整備が人口密度と自動車利用の相互関係に介在し、両者の間に負の相関関係をもたらしていることが示唆された。

【参考文献】

1) Newman, P. and Kenworthy, J. R., Sustainability and Cities：Overcoming Automobile Dependence, Island Press, Washington, DC, 1999

2) Ewing, R. and Cervero, R., Travel and the built environment：A synthesis, Transportation Research Record, No.1780, pp.87-114, 2001

3) Pickrell, D., Transportation and land use, in Gomez-Ibanez et al.（eds.）Essays in Transportation Economics and Policy, Brookings, Washington, DC, pp.403-435, 1998

4) 中村隆司、堀池泰三、一般世帯の自動車ガソリン消費の都市による違いをもたらす都市形態及び都市計画からみた要因、都市計画、No.235、pp.54-64、2002

5) 小島浩、吉田朗、森田哲夫、環境負荷を小さくするための都市構造および交通施策に関する研究 ―仙台都市圏を対象として―、都市計画論文集、Vol.39、pp.541-546、2004

6) 藤原章正、岡村敏之、広島都市圏における都市形態が運輸エネルギー消費量に及ぼす影響、都市計画論文集、Vol.37、pp.151-156、2002
7) 松橋啓介、大都市圏の地域別トリップ・エネルギーから見たコンパクトシティに関する考察、都市計画論文集、Vol.35、pp.469-474、2000
8) 鈴木崇正、室町泰徳、メガシティを対象とした人口密度と自動車利用の相互関係に関する再検討：都市面積と自動車利用距離に着目して、都市計画論文集、Vol.41、pp.151-156、2006
9) Cervero, R., Light rail transit and urban development, Journal of the American Planning Association, Vol.50 (2), pp.133-147, 1984
10) Glick, F., Light rail transit and effective land use planning : Portland, Sacramento, and San Diego, Transportation Research Record, No.1361, pp.75-80, 1992
11) Porter, D. R., Transit-focused development : A progress report, Journal of the American Planning Association, Vol.64 (4), pp.475-488, 1998
12) Dunphy, R. T. and Porter, D. R., Manifestations of development goals in transit-oriented projects, Transportation Research Record, No.1977, pp.172-178, 2006
13) Le Clercq, F. and de Vries, J. S., Public transport and the compact city, Transportation Research Record, No.1735, pp.3-9, 2000
14) Pushkarev, B. S. and Zupan, J. M., Public Transportation and Land Use Policy, Indiana University Press, Bloomington, IN, 1977
15) Polzin, S. E., Transportation/land-use relationship : Public transit's impact on land use, Journal of Urban Planning and Development, Vol.125 (4), pp.135-151, 1999
16) Giuliano, G., Land use impacts of transportation investments, in Hanson, S. and Giuliano, G. (eds.) The Geography of Urban Transportation, The Guilford Press, New York, NY., 2004
17) Luk, J. Y. K., Reducing car travel in Australian cities : Review report, Journal of Urban Planning and Development, Vol.129 (2), pp.84-96, 2003
18) Knight, R. L. and Trygg, L. L., Evidence of land use impacts of rapid transit systems, Transportation, No.6, pp.231-247, 1977
19) Bollinger, C. R. and Ihlanfeldt, K. R., The impact of rapid rail transit on economic development : The case of Atlanta's MARTA, Journal of Urban Economics, Vol.42, pp.179-204, 1997
20) Cervero, R. and Landis, J., Twenty years of the Bay Area Rapid Transit system : Land use and development impacts, Transportation Research Part A, Vol.31 (4), pp.309-333, 1997
21) Moon, H., Land use around suburban transit stations, Transportation, No.17, pp.67-88, 1990
22) 田村亨、桝谷有三、斉藤和夫、札幌都市圏の都市鉄道整備が地価に与える影響の分析、都市計画論文集、No.28、pp.313-318、1993
23) 岩倉成志、屋井鉄雄、面的開発を伴った鉄道新駅設置手法に関する考察、都市計画論文集、No.25、pp.109-114、1990
24) Gatzlaff, D. H. and Smith, M. T., The impact of the Miami Metrorail on the value of residences near station locations, Land Economics, Vol.69 (1), pp.54-66, 1993

25) Forrest, D., Glen, J. and Ward, R., The impact of a light rail system on the structure of house prices, Journal of Transport Economics and Policy, Vol.30, pp.15-29, 1996
26) 総務省統計局、国勢調査データセット、Sinfonica、複数年
27) 国土交通省、国土数値情報データ、http://nlftp.mlit.go.jp/ksj/（2009年1月アクセス）、複数年
28) 三井造船システム技研、道路地図V2004/9、2004
29) 国土交通省総合政策局情報管理部編、交通経済統計要覧・平成14年度版、運輸政策研究機構、2003

第 10 章　居住地誘導による東京都市圏の職住近接化

10.1　職住近接と過剰通勤交通

国内外の大都市圏では雇用の一極集中などによる通勤時間・距離の増加がみられる。通勤時間・距離の増加による弊害は、ラッシュ時の鉄道・道路の混雑などによる通勤者の効用の低下や、移動距離が増えることによる CO_2 排出量の増加という地球環境への影響などがある。そのため、各通勤者の居住地と従業地ができるだけ近くなるような都市構造を目指す「職住近接」の実現が叫ばれるようになった[1]。

写真 10.1　通勤で人が行き交う鉄道のプラットフォーム

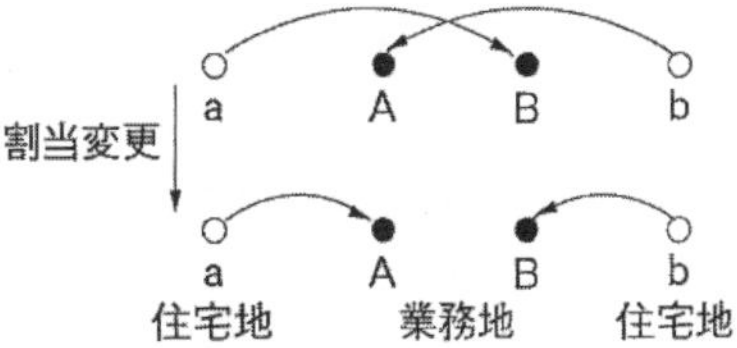

図 10.1　cross-commuting[1]

職住近接の実現度を測る指標として、「過剰通勤交通」というものがある。これは、現状総通勤コスト C_{act} と、図 10.1 のように「cross-commuting（無駄な通勤）」、「wasteful/excess commuting（WC/EC）」を通勤者間の居住地（従業地）を交換して無くすことによって実現される最小総通勤コスト C_{min} とのギャップのことであり、以下のように定義される。

$$\frac{C_{act}-C_{min}}{C_{act}}*100 \quad (\%) \qquad \cdots(1)$$

この値が小さいほど現状の職住分布は理想に近く、職住近接の実現度が高いということになる。この考え方を用いて本章では、将来的に過剰通勤交通をなくし職住近接を実現していくためには、通勤者の居住地をどのように誘導していけば良いかを詳細に検討することを目的とする。

10.2　過剰通勤交通に関する既往研究

過剰通勤交通に関する研究は過去にも幅広く行われている。以下では、主要な既往研究をレビューする。過剰通勤交通という指標を初めて定義したのが Hamilton[2)] である。Hamilton は以下のような手法で、都市を中心地がただ 1 つであると仮定して過剰通勤交通の算出を行った。

まず、すべての従業地が中心業務地区（CBD）にあるとしたときの平均通勤距離を求める。

$$A = \frac{1}{P}\int_0^{\bar{x}} xP(x)dx \qquad \cdots(2)$$

P：対象地域内の人口

x：CBD からの距離

（$\bar{x}$は対象地域縁までの距離であり、本研究では 100 人 /mile^2 となる所とする）

$P(x)$：CBD からxの距離における居住者数

次に実際の従業地分布での各従業地と CBD との距離の平均を求める。

$$B = \frac{1}{J}\int_0^{\bar{x}} xJ(x)dx \qquad \cdots(3)$$

J：対象地域内の従業地数

$J(x)$：CBD からxの距離における従業地数

そうすると、平均最小通勤距離はその差で求められる。

$$C = B - A \qquad \cdots(4)$$

以上より、過剰通勤交通は、

$$WC = \frac{D - C}{D} \times 100 \quad (\%) \qquad \cdots(5)$$

D：実際の通勤距離

と求められる。

この手法を米国 14 都市において適用し計算した結果、平均 87.1%が過剰通勤交通であると算出された。Hamilton の手法に対し、White[3]は最小通勤交通コストは線形計画法の輸送問題の定式化によって算出できると考えた。式は以下のとおりである。対象地域を設定し、その地域内を n のゾーンで分割する。各ゾーンの居住者数、通勤者数を固定するという条件のもとで、総通勤時間を最小にする。

$$\begin{aligned} \min \quad & Z = \sum_{i}^{n}\sum_{j}^{n} t_{ij} n_{ij}^{*} \\ \text{s.t.} \quad & \sum_{i}^{n} n_{ij}^{*} = M_j \qquad \forall j = 1,\ldots,n \\ & \sum_{j}^{n} n_{ij}^{*} = N_i \qquad \forall i = 1,\ldots,n \\ & n_{ij}^{*} \geq 0 \qquad \forall i,j \end{aligned} \qquad \cdots(6)$$

i, j：居住地、従業地のゾーン数
t_{ij}, n_{ij}：ゾーン i、ゾーン j 間の通勤時間、通勤者数
M_j：ゾーン j における従業者数
N_i：ゾーン i における居住者数

この手法を米国 25 都市において適用し計算した結果、平均 11.1％が過剰通勤交通であると算出された。この結果は、Hamilton の平均 87.1％とは大きく異なる値である。

Ma and Banister[4]は、これまでの過剰通勤交通についての研究をまとめたうえで、過剰通勤交通にはコンテクスト、手法、政策の 3 つの論点があるとした。それぞれの論点について述べる。

(1) コンテクスト（Contextual Issues）

過剰通勤交通が生じている要因に関する研究である。たとえば、Kim[5]は通勤者が複数いる世帯は同一の居住地変更を行うよう考慮しているし、Cropper and Gordon[6]は借家か持ち家かという住宅の保有状況によって通勤距離は異なるという結論を得ている。Manning[7]は通勤者を世帯構成や職業の違いでグループ分けし、検討を行っている。

(2) 手法（Methodological Issues）

ゾーンや通勤コストの設定など手法に関する研究である。たとえば、Horner と Murray[8]は、ゾーン分割数が多いほどより正確な過剰通勤交通を算出できるという結論を得ている。通勤コストに関しては、White[3]が通勤者は距離より時間を重視するので、時間を用いる方が適切であると述べている。

表 10.1　過剰通勤交通に関する既往研究のまとめ

Reference	*Study area* (*s*)	*Cost unit used*	*Excess commuting* (%)	*Main argument* (*s*)
Monocentric model				
Hamilton (1982)	14 US cities	distance	87.1	
	27 Japanese cities	time	70-77	
Hamilton (1989)	Boston, MA	distance	47.1	
Liner programming approach				
White (1988)	25 US cities	time	11.1	Geographical boundaries (number of zones), Distance or time
Small and Song (1992)	Los Angeles, CA	distance	69.1	Geographical boundaries (number of zones)
		time	65.9	
Suzuki (1992)	Tokyo	time	15	Geographical boundaries (number of zones), Land use policies
Kim (1995)	Los Angeles, CA	time	38.07	Multi-worker households, Tenancy
Frost *et al.* (1998)	ten UK cities at two points in time	distance	19.1-32.0	Inward commute
Masuya *et al.* (2001)	Sapporo at three points in time	distance	41.5-48.6	Travel flow ratio
Buliung and Kanaroglou (2002)	Toronto, Ont.	distance	65	Multi-worker households
Horner and Murray (2002)	Boise, ID	distance	26.2-48.1	Geographical boundaries (number of zones)
Manning (2003)	London	distance	55	Heterogeneous housing and job market (age, occupation)
Maruyama and Harada (2003)	Tokyo	time (car)	23.3-26.8	Congestion in network, transport modes (car or railway)
		time (railway)	18.6-24.5	
Rodriguez (2004)	Bogota	distance	47	Heterogeneous job market (occupation, working time)
Ma and Banister (2006b)	Seoul at three points in time	distance	51.3-59.5	Maximum commute cost
		time	30.2-28.4	
Murphy (2009)	Dublin at two points in time	distance	60.3-72.7	Transport modes (public or private)

(3) 政策 (Policy Issues)

過剰通勤交通を交通計画や都市計画の方針を立てる際の指標として用いることを検討している。たとえば、Martin[9]は低収入世帯の通勤者は遠距離通勤を行う傾向があり、居住地変更の支援は有効であるとしている。しかし、過剰通勤交通が具体的な施策と結び付けられることはまれである。

日本でも過剰通勤交通に関する研究は進められており、鈴木[1]は東京都市圏を対象とし、通勤時間の削減可能量を明らかにしたうえで、業務分散や都心居住の促進の有効性を評価している。桝谷ら[10]、有村ら[11]はプリファレンス曲線を、また、円山ら[12]は交通ネットワーク上の混雑を考慮に含め、通勤交通の特性を詳細に分析している。また、Suzuki と Lee[13]は連続量で居住地、従業地分布を表現し、これを用いて複数都市の過剰通勤交通の把握を試みている。

以上のように過剰通勤交通に関する研究は20年以上行われている。おもな既往研究を表10.1にまとめておくこととする。しかし、将来的に居住地を誘導して過剰通勤交通を削減するという視点で分析を行った例はほとんどない。この点で、本章の研究は上記3つの論点のうち、政策に関わるものと位置付けることができる。なお、本章ではWhite[3]による定義に従って最小総通勤コストを求める。

10.3　本研究の概要

本研究の研究対象地域の概要を表10.2に示す。また、分析の流れについて図10.2に示す。

図10.2におけるゾーン別将来生産年齢人口、ゾーン・年齢階層別将来人口については、コーホート変化率法で推計した。2000年を基準年とし、2030年までの5年間隔で、3次メッシュ単位の性別・年齢5歳階層別の人口を推計した。

ゾーン別将来従業者数については、1981～2001年事業所・企業統計調査よりデータを得て、(ゾーン従業者数／全従業者数) の将来値をゾーンごとに回

表10.2　研究対象地域概要

対象地域	東京都市圏 (東京都、神奈川県、埼玉県、千葉県、茨城県南部)
通勤交通手段	鉄道
ゾーン区分	3次メッシュ (約1×1 km)、東京都市圏PT調査計画基本ゾーン
推計年次	2000年を現状とし、2030年まで5年ごと

帰分析により推計し求めた。

趨勢将来 OD 表（2005～2030 年）については、先に推計した生産年齢人口・従業者数を制約条件とし、現在パターン法のひとつであり、現在のトリップパターンに成長率を乗じて分布交通量を推計するデトロイト法を用いて推計した。

ゾーン間所要時間については、駅間所要時間は最短経路探索法（ダイクストラ法）によって求めた。ゾーン中心点から最寄駅までのアクセス・イグレス交通については 1 km 未満であれば徒歩（4 km/h）、1 km 以上 5 km 未満であれば自転車（10 km/h）、5 km 以上であればバス（15 km/h）と仮定し所要時間を求めた。東京都市圏 PT 調査のゾーン間所要時間の値と比較すると、

$$y = 0.9783x + 20.164 \quad (R^2 = 0.6881)$$

y：PT データ、x：本研究による値

となった。

最後に、最適将来 OD 表（2005 ～ 2030 年）については、White[3] の計算手法を用いており、式(6) を最小化したときの n_{ij} により与えている。施策計算において、ゾーン・年齢階層別将来転出率とは、あるゾーンに居住するある年

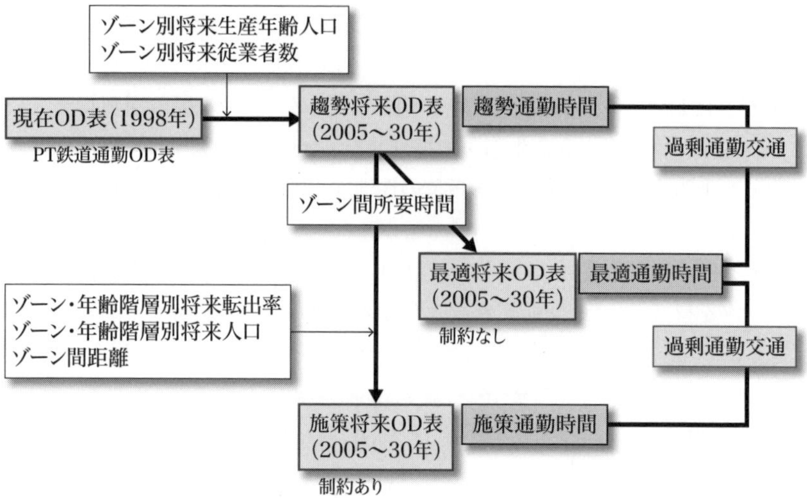

図 10.2　分析の流れ

齢階層の通勤者のうち、5 年後に他のゾーンへと居住地変更を行っている通勤者の割合であり、国勢調査の人口移動統計から求めた。ゾーン間距離については、ゾーン中心点間の直線距離とした。同一ゾーン間の距離については、ゾーンと同一面積円の半径とした。

10.4　職住近接に向けた将来施策

基本的な考え方は、通勤者が居住地変更を行う際に最適 OD 分布に近づくように誘導するというものである。最適将来 OD 表はすべての通勤者が居住地変更できるという条件によって求められるが、ここではその通勤者の数を転出率によって制約する。居住地変更は従業地が同一ゾーンである通勤者間のみで可能とし、また東京都市圏と外部間の通勤者の移動は無視する。

以上の条件のもと、2 段階最小化問題を定式化する。

(1) Step.1

OD 分布の増減を求める。目的関数は総通勤時間の最小化とし、各ゾーンの居住者数・従業者数は不変であるということを制約条件とする。

$$
\begin{aligned}
\min \quad & \sum_i \sum_j t_{ij} \left({}_{15\sim59}^{\ t}n_{ij} - {}^{t+5}n_{ij}^{out} + {}^{t+5}n_{ij}^{in} \right) \\
\text{s.t.} \quad & \sum_j {}^{t+5}n_{ij}^{out} = \sum_j {}^{t+5}n_{ij}^{in} = {}^{t+5}O_i^{out} \qquad \forall i \\
& \sum_i \left({}^{t+5}n_{ij}^{out} - {}^{t+5}n_{ij}^{in} \right) = 0 \qquad \forall j \\
& {}_{15\sim59}^{\ t}n_{ij} - {}^{t+5}n_{ij}^{out} \geq 0 \,,\ {}^{t+5}n_{ij}^{out}, {}^{t+5}n_{ij}^{in} \geq 0
\end{aligned}
\qquad \cdots(7)
$$

t_{ij}：ゾーン ij 間の通勤時間

$_{15\sim59}^{\ t}n_{ij}$：t 年ゾーン ij 間の 15 ～ 19 歳通勤者数

${}^{t+5}n_{ij}^{out}$、${}^{t+5}n_{ij}^{in}$：5 年後のゾーン ij 間の通勤者数増分、減分

${}^{t+5}O_i^{out}$：5 年後のゾーン i の転出通勤者数

(2) Step.2

従業地 j ごとに、居住地変更通勤者の転入先を求める。目的関数は総居住地変更距離の最小化とし、制約条件として Step.1 で求めた値を用いる。

$$
\begin{aligned}
&\min \quad \sum_{k}\sum_{l} d_{kl}\ {}^{t+5}n_{kl_j}^{emigrate} \\
&\text{s.t} \sum_{l} {}^{t+5}n_{kl_j}^{emigrate} = {}^{t+5}n_{kj}^{out} \qquad \forall k \\
&\quad \sum_{k} {}^{t+5}n_{kl_j}^{emigrate} = {}^{t+5}n_{lj}^{in} \qquad \forall l \\
&\quad {}^{t+5}n_{kl_j}^{emigrate} \geq 0
\end{aligned}
\tag{8}
$$

d_{kl}：ゾーン kl 間の距離

${}^{t+5}n_{kl_j}^{emigrate}$：従業地 j における、5 年後のゾーン k から l への居住地変更通勤者数

(3) Step.3　5 年後の OD 分布を求める。

Step.1 ～ 3 を t=98 年から $t+5$=30 年まで、6 回繰り返す。

なお、15 ～ 59 歳通勤者を居住地変更の対象とし、60 ～ 64 歳通勤者は 5 年後には除外し、5 年後の 15 ～ 19 歳通勤者を新たに加えるという計算を繰り返す。

10.5　過剰通勤交通の推計結果

(1) 過剰通勤交通

趨勢・最適（居住地変更通勤者の制約なし）・施策（居住地変更通勤者の制約あり）の通勤時間、過剰通勤交通の推計結果を表 10.3 に示す。

趨勢と最適を比較すると、現状の平均通勤時間が 50 分ほどであるのに対し、通勤時間最小化が達成されれば平均通勤時間は 35 分ほどになり約 15 分減少できることがわかる。また、一般的に遠距離通勤と言われる 90 分以上の通勤者数は現状である 1998 年 OD 表では 23 万 4,463 人なのに対し 2030 年最適 OD 表では 4 万 4,173 人であり、80%ほど遠距離通勤者を減らすことができることもわかった。

趨勢と施策を比較すると、今後趨勢で推移していくとすれば過剰通勤交通は年々増加していく、つまり職住分離が進んでいくが、逆に前節で定式化したような居住地誘導をしていくと過剰通勤交通は大幅に減少していき、2020 年代には収束しておおむね職住近接が達成されていると言える。施策による通勤者数が他の計算における通勤者数と異なるが、これは東京都市圏と外部間の移動

表 10.3　通勤時間、過剰通勤交通推計結果

		1998 年	2005 年	2010 年	2015 年	2020 年	2025 年	2030 年
通勤者数（人）		5,838,299	5,758,811	5,555,111	5,296,948	5,148,891	5,052,162	4,915,954
最適（制約なし）	総通勤時間（分）	205,330,962	202,035,938	195,839,676	186,997,247	181,772,266	178,659,971	174,748,505
	平均通勤時間（分）	35.2	35.1	35.3	35.3	35.3	35.4	35.5
趨　勢	総通勤時間（分）	286,792,347	284,147,381	275,420,468	263,376,005	256,802,534	253,007,251	247,652,050
	平均通勤時間（分）	49.1	49.3	49.6	49.7	49.9	50.1	50.4
	過剰通勤交通（%）	**28.40**	**28.90**	**28.89**	**29.00**	**29.22**	**29.39**	**29.44**
施策（制約あり）	通勤者数（人）	—	*5,740,789*	*5,532,723*	*5,261,234*	*5,107,772*	*4,991,622*	*4,802,388*
	総通勤時間（分）		231,531,203	208,950,240	193,678,572	186,370,486	181,877,274	175,688,431
	平均通勤時間（分）		40.3	37.8	36.8	36.5	36.4	36.6
	過剰通勤交通（%）		**13.01**	**6.65**	**4.10**	**3.25**	**2.95**	**2.83**

を考慮していないことなどが原因として挙げられる。

(2) 居住地変更の地域別特徴

計算結果を把握しやすくするために東京都市圏を 12 地域（図 10.3）に分けて居住地変更の転出入を集計した結果、推計年次によって居住地誘導の対象が異なることがわかった。例として千葉市からの居住地変更先の割合を図 10.4 に示す。

図 10.4 からわかるように、1998 年から 2005 年では東京区部への移動が多いが、その後は千葉西北部への移動が突出する。千葉西北部への移動には東京区部を従業地とする通勤者も含まれていることから、千葉市に住み東京区部へ通勤する通勤者が居住地変更をする際、人口の制約から東京区部へと移動することができず、千葉市より東京区部に近い千葉西北部へと移動したと考えられる。

(3) 居住地変更の年齢階層別特徴

前節のStep.1を年齢5歳階級に分けて計算した。年齢5歳階層別にどの程度の通勤者が居住地変更を行うのか、その人数を図10.5に示す。

図10.5でまず年次ごとの推移をみると、人口減少によって、特に20代や30代で居住地変更通勤者数は減少していく。また年齢階層別にみると、年齢が上がるにつれ居住地変更する通勤者が減っていく。20代や30代の人数が多いのは、転勤、転職、結婚など居住地変更の要因となるイベントの発生する頻度が高いことによる。全通勤者数に対する居住地変更通勤者数の割合（転出率）に

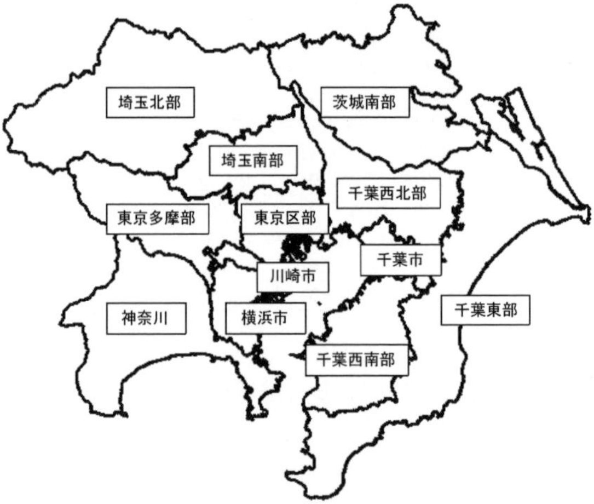

図10.3　12地域

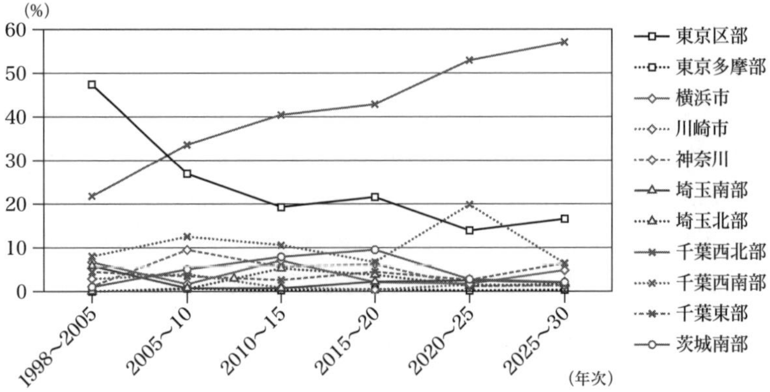

図10.4　千葉市からの居住地変更先の割合

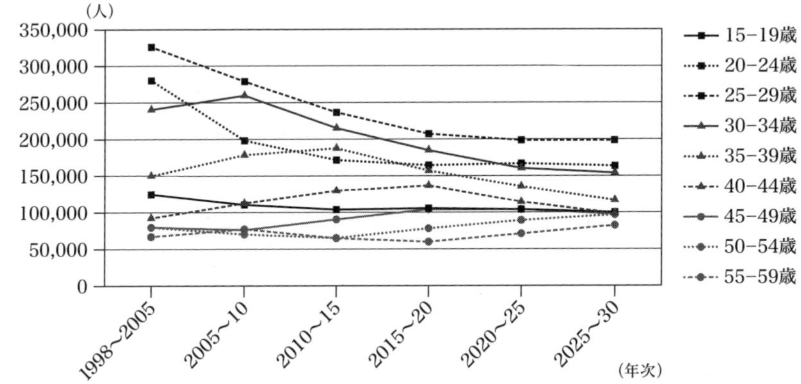

図 10.5　年齢 5 歳階層別居住地変更通勤者数

ついては、各年齢階層とも推計年次による変化はみられなかった。

10.6　職住近接に向けた居住地誘導と今後の課題

本章では、1998 年東京都市圏 PT 調査鉄道通勤 OD データを元に 2030 年まで趨勢の OD 分布を推計し、それを元に最適な OD 分布を求め、将来的にその OD 分布に近づくような、つまり職住近接に向けた居住地誘導のあり方を検討した。

趨勢通りに推移すると過剰通勤交通は年々増加していく傾向があり通勤時間は増えるという結果となった。しかしこれは必ずしも cross-commuting（無駄な通勤）が増えたからであるとは言えない。本章ではゾーン別将来従業者数の推計において従業地が分散していくという結果を得て計算を行っており、年次ごとに従業地分布が異なっていることも原因として考えられる。

通勤者の居住地誘導の仕方としては、全ての地域から東京区部へ通勤する通勤者は東京区部、またその近郊へと移動させ、東京区部に居住する通勤者は東京多摩部や千葉西北部などに移動させるという大まかな傾向が確認できた。しかし、東京区部で居住も通勤もする通勤者が他の地域に移動する場合、通勤者個人では通勤時間が長くなってしまうので、それを受け入れられるかどうかというのは大きな問題である。

居住地誘導の仕方を地域・年齢別に詳細に分析すると、年次別に居住地変更の対象（対象地域、対象年齢）は異なることが示唆された。よって今後、職住近接のために住宅施策などを講じる際には、対象を明確にする必要がある。施策の例を挙げれば、東京都は高齢者の居住の安定のために、都営住宅募集においてポイント方式や優遇抽選方式を採用しているが、それを用いて、募集住宅へと居住地変更すべき通勤者のいる世帯にはポイントを付与しそこに住みやすくすることなどが考えられる。

今後の課題としては、第一に居住地変更制約要因の考慮がある。今回は転出率で制約したのみで、居住地変更通勤者は従業地が同じであれば基本的にどこの通勤者とも居住地交換可能という条件で計算したが、実際は所得、家族の都合（共働きや子供の存在等)、地域の居住快適性などさまざまな要因で居住地を選択しており居住地変更が更に制約されるので、通勤時間を本研究の施策のように削減していくことは困難である。それらの要因を考慮し、より現実的にしていく必要がある。また、通勤者の移動はすべて１人での移動として計算したが、実際は世帯単位での移動となるので、それを考慮していくことも課題である。

【謝辞】

本章は、横田裕也、室町泰徳、東京都市圏における鉄道通勤を対象とした居住地誘導による過剰通勤交通削減に関する研究、都市計画論文集、Vol.47、No.3、pp.853-858、2012　の一部を加筆修正したものである。横田裕也氏に謹んで謝意を表したい。

【参考文献】

1) 鈴木勉、東京大都市圏における職住割当の最適化に関する実証的研究、第 27 回日本都市計画学会学術研究論文集、pp.337-342、1992
2) Bruce W. Hamilton, Wasteful Commuting, Journal of Political Economy, Vol.90, Mo.5, 1982
3) Michelle J. White, Urban Commuting Journeys Are Not “Wasteful”, Journal of Political Economy, Vol.96, No.5, pp.1097-1110, 1988
4) Ma, K. R. and Banister, D., Excess Commuting：A Critical Review, Transport Reviews, Vol.26, No.5, pp.749-767, 2006
5) Kim, S., Excess Commuting for Two-Worker Households in the Los Angeles Metropolitan Area, Journal of Urban Economics 38, pp.166-182, 1995
6) Cropper, M. and Gordon, P., Wasteful commuting：a re-examination, Journal of Urban Economics 29, pp.2-13, 1991
7) Manning, A., The real thin theory：monopsony in modern labour markets, Labour

Economics 10, pp.105-131, 2003
8) Horner, M. W. and Murray, A. T., Excess Commuting and the Modifiable Areal Unit Problem, Urban Studies, Vol.39, No.1, pp.131-139, 2002
9) Martin, R. W., Spatial mismatch and costly suburban commutes：can commuting subsidies help?, Urban Studies 38, pp.1305-1318, 2001
10) 桝谷有三、下タ村光弘、田村亨、斉藤和夫、最適職住割当問題を基礎とした通勤交通の流動特性分析－札幌市の通勤交通を例として－1972，1983，1994－、第36回日本都市計画学会学術研究論文集、pp.619-624、2001
11) 有村幹治、菊池光貴、内藤利幸、田村亨、札幌都市圏における通勤トリップ長の削減可能性に関する研究、土木学会論文集D3（土木計画学）、Vol.67、No.5、pp.I_491-I_498、2011
12) 円山琢也、原田昇、ネットワーク上での混雑を考慮した最適職住配置手法の構築とその実証分析、都市計画論文集、No.38（3）、pp.517-522、2003
13) Suzuki, T and Lee, S., Jobs-housing imbalance, spatial correlation, and excess commuting, Transportation Research Part A 46, pp.322-336, 2012

第11章　東京とマニラのエコドライブ講習による燃費改善効果

近年、地球温暖化問題は各国の環境政策において非常に大きな比重を占めるようになった。先進国や開発途上国では、モータリゼーションの結果、交通問題、すなわち交通渋滞、大気汚染、車依存社会、交通インフラの更新、燃料費の高騰などが都市を悩ませている。また、地球温暖化に寄与している主要な部門のひとつが運輸部門となっている。先進国や開発途上国の中には、運輸部門からの CO_2 排出量を削減するために将来計画を策定しているものもある[1]。これらの計画では、ハイブリッド車や電気自動車の導入、低炭素な公共交通の提供が共通する手段となっているが、交通渋滞削減と効率的なドライビングスタイルの促進による燃費向上もまた提案されている場合が多い。その理由としては、新車の浸透には時間がかかること、中小都市では公共交通の導入が必ずしも効果的ではないことなどがあげられる[2),3]。

経済的で効率的なドライビングスタイル、あるいは本章で紹介するエコドライブの概念は、おもに「燃費を向上させ、CO_2 排出量を削減し、道路交通が周辺環境に与える悪影響を緩和するようにデザインされたドライブテクニック」と定義されている[4]。エコドライブは、環境や省エネルギーに対する意識の向上に根差した運転態度であり、一般的に、ドライブの方法の改善とより実践的なドライブに関する指導を通じてドライバーのドライビング行動を変化させることを目指している。エコドライブを特徴づけるドライブテクニックの中には、

①　効率的なスピード選択（発進、加速、クルージング時）
②　アイドリングストップ（信号待ち、駐車時等）
③　最適なギア選択（マニュアル車の場合）
④　加減速の適切なコントロール
⑤　効率的なコースティングあるいはグライディング（慣性走行）
⑥　交通状況の予測

などが含まれる。これらに加えて、実践的なドライブの指導の中では、

①　定期的な車両点検（エンジン、タイヤ、エアコン等）
②　重量の削減と空気抵抗の改善
③　交通フローと信号の予測

④　急発進や急停止の回避
⑤　制限速度かそれ以下の運転
⑥　定速度の維持
⑦　適切な燃料（オクタンレベル）とエンジンオイルの選択
⑧　車内電気機器の賢い利用（ステレオ、エアコン等）
⑨　車内コンピューターとナビゲーションシステムの採用（クルーズコントロール、GPS、距離計、回転計等）

などが推奨されることがある。エコドライブの適用は都市内車トリップにおいて、特に有効であると言われており、その理由は、都市内では信号が多いため、発進と停止が繰り返されるためである[5]。

現実世界のエコドライブの適用による路上の燃料消費量、排気ガス量については、さまざまな外的要因に左右されるドライビングパターンにより変化する。外的要因とは、交通状況、道路状況、車両の状態、ドライバーの特徴、トリップの特徴、その他の状況である。これらすべての要因を捕捉することは、エコドライブ講習前後において、かなり精力的に調査を行う必要が生じるであろう。したがって本章では、ドライバーの特徴と道路状況の一部に焦点を絞って、エコドライブ講習の効果を検討することとした。本章の目的は、エコドライブ講習前後で、結果として生じる燃料消費量の変化をモニタリングし、講習の効果を調査することである。特に、開発途上国の都市、マニラと先進国の都市、東京においてエコドライブ講習の効果を比較し、それらの類似点と相違点を検討することに焦点を当てている。

11.1　既往研究のレビューと開発途上国における問題点

概して、エコドライブ講習の効果は、講習における教習内容とともに、いくつかの外的要因により影響を受ける。車両からの排気ガス量や燃料消費量に影響を与える外的要因としては、車両、ドライバー、道路、交通、トリップの特徴などがあげられる。既往研究では、エコドライブ講習内容の全体、あるいは一部を対象としたり[6,7]、ドライバーがエコドライブのスタイルに適応するのを支援する適切な機材に焦点を当てたりしている[8]。また、近年の研究では、都市内におけるエコドライブの効果に関してより関心が集められている。都市内においては道路交通渋滞が頻繁に生じ、動的な交通状況の変化の中で、エコドライブのスタイルが常に適用可能とは限らないのではないかという視点に基づいている[9),10)]。職業ドライバーに関しては、心理面も含むドライバーの特徴が、エコドライブ講習の効果に与える影響に関して調査した事例がある[11)]。しかし、一般的な非職業ドライバーを対象としたケースはいまだ数多くないようである。

エコドライブ講習は日本以外の国々でも数多く実施されている。実際、経済的なドライブのスタイルとしてエコドライブが始まったのは、1998～1999年のフィンランド、スウェーデン、オランダ、スイスである[12)]。最近では、エコドライブ講習は、オーストラリア、欧州、カナダ、日本、ニュージーランド、米国などで発展し、確立している。先進国におけるエコドライブ講習の多くは、京都議定書に沿ってCO_2排出量を削減するために採用され、また、増大する燃料需要と燃料価格が燃費改善の追究を促進している。これらの講習の結果は、車両のギアタイプによらず、ドライバーのドライビングの方法を改善することによって、燃料消費量の10～25%を削減することが可能であることを示している。エコドライブを実際に適用する場合の効果に関する研究も進められており、外的要因として静的な道路ネットワークと動的な交通状況を考慮に含めた分析が成されている[13)]。

一方で、開発途上国におけるエコドライブの適用例は非常に少ない。ドイツのGTZ（Gesellschaft Fur Technische Zusammenarbeit）は、アルゼンチン、チリ、インドネシアでのパイロット調査の結果が非常に有望であったと報告している[14)]。これらの国々のエコドライブ講習は欧州の内容をベースとしており、講習費用はGTZから地方政府に対して補助されている。

開発途上国では、長期的な受講の促進とその持続可能性、政策的な講習の組み込み、地方の特色に適したエコドライブ指針の開発などがエコドライブに関する大きな課題となると考えられる。先進国での講習とは異なり、開発途上国のエコドライブ講習は、受講を促進するうえで、より大きな困難に直面する。開発途上国の問題には、不十分な道路インフラと交通システム、古い中古、あるいは改造車両の存在、数多くの過積載車両、混合交通による激しい道路交通渋滞、不十分な交通マネジメント、政策実施の不徹底、不十分な講習財源と促進活動などが含まれる。加えて、劣悪な道路インフラと交通状況による激しい道路交通渋滞の中で、ドライバーのドライビング行動は攻撃的となる場合がある。また、暖気運転や急発進急停止といったドライビング行動も頻繁である。ドライバーの特徴は、これらの国々の社会経済状況がドライビング行動（車両維持管理や過積載など）にも影響しているという事実を含んでいる。したがって、エコドライブの適用に際しても、先進国と開発途上国との間の相違は小さくないと考えられる。

以上の既往研究、および開発途上国における問題点を踏まえ、本研究では、開発途上国（マニラ）と先進国（東京）におけるエコドライブ講習が燃費に与える影響に関して調査することを目的としている。日本の省エネルギーセンターで実施されているエコドライブ講習を採用し、かつ当該講習に関しては英語への翻訳しか利用可能ではなかったため、英語による講習が十分可能な開発途上国の都市マニラを選択した。統計によれば、人口、人口1人当たりのGDP、1,000人当たりの乗用車保有台数は、マニラ都市圏は940万人、2,200ドル、82台であり、東京都市圏は3,230万人、4万5,400ドル、307台である。東京におけるモータリゼーションは比較的安定してきているが、マニラにおける1人当たりのGDPと1,000人当たりの乗用車保有台数の成長は続いている。また、マニラでは開発途上国でよく見られる前述のドライビング行動が顕著である。

11.2　調査方法

(1) エコドライブ講習のデザインとデータ収集機材の概要

データ収集の対象として、2つのドライバーのグループ、すなわち東京グループとマニラグループが設定された。大学における駐車場や交通関連団体を通じて配布された案内紙により、被験者の候補が選定された。最終的な被験者の必要条件としては、エコドライブ講習の受講経験の無いこと、エコドライブ講習への参加意向があること、本研究で用いるモニタリング機材に適合するOBD（On-Board Diagnostic）を備えたガソリン車（日本メーカーにより2000～2010年製造）を保有していることなどである。各被験者候補の保有する車に対して、GPS（Global Positioning System）と燃料計の機材のキャリブレーションと試験走行を行い、問題の無かった場合に最終被験者として参加をお願いすることとした。なお、いずれの機材も1秒間隔以下の細かさでデータを収集する能力を備えている。

データ収集プロセスは図11.1に示すとおりであり、各被験者（ドライバー）の実走行トリップに関するデータ、アンケート調査、エコドライブ講習のデータの3つの異なるデータ収集を行っている。第一に、ドライバーの実走行ト

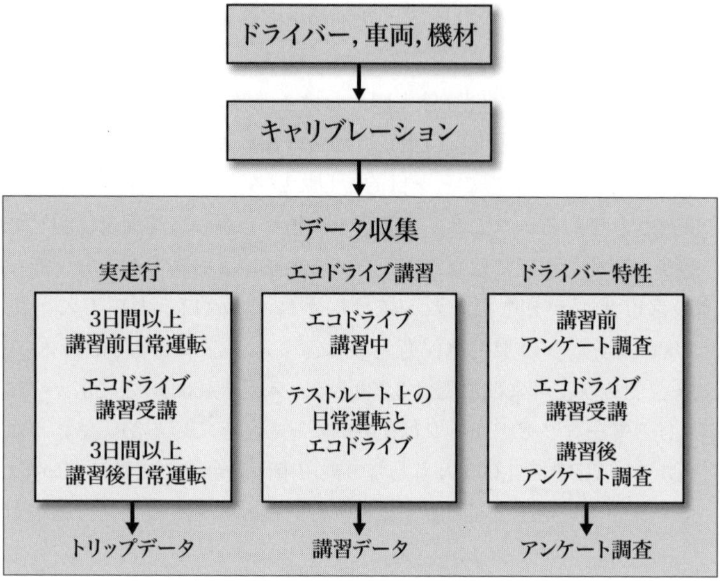

図 11.1　データ収集プロセス

リップデータに関しては、エコドライブ講習受講前に 3 日以上通常ドライブをした際の実走行データと、講習受講後に再び 3 日以上エコドライブをした（と考えられる）実走行データを収集している。ドライバーのトリップデータ収集の際には、各ドライバーは各々保有する車を使用し、自由にルート選択を行って走行してもらっている。

第二に、エコドライブ講習データに関しては、エコドライブ講習日に各ドライバーは資格を持つインストラクターによるエコドライブの授業、実地ドライビング教習、ドライビング評価を受けており、その際のデータを収集している。各ドライバーは 1 回のエコドライブ講習を受講、1 回の受講者数は最大 6 名であった。講習は 1 ～ 2 回／月の頻度で開催されたことから、東京とマニラで約 30 名のドライバーデータを収集するのに各々 6 か月程度を要した。エコドライブの授業は、教室内で行われ、ドライビングの方法、エコドライブが燃料消費量に与える影響などが示され、その後、エコドライブテクニックが紹介される。テクニックの中身には、「エンジン始動後、5 秒間で 20 km/h に達する」というルールに従う穏やかな発進（ジェントルアクセラレーション）、定速によるクルージング、停止前におけるコースティング、アイドリングストップが含まれている。実地ドライビング教習とドライビング評価では、東京とマニラにおけるそれぞれのドライバーに対して、同じ車種に乗車して、同じテストルートをドライブしてもらっている。使用車種は、日本メーカーにより製造されたコンパクトカーであり、必要条件に合致する OBD を備え、GPS と燃料計が装着されて燃料消費量とルート位置がモニタリングできるようになっている。東京のテストルートは、中央区内の街路ネットワークから選定し、4 つの主要な交差点、12 の信号交差点を含む往復 4 車線の道路 2.8 km としている。マニラのテストルートは、ケソン市内フィリピン大学デリマン校キャンパス付近の道路 3.1 km としている。マニラのルートは、1 つの主要な交差点とともに、3 つの仮想的な信号交差点を設置して、都市内街路の状況に近づけている。なお、いずれのエコドライブ講習も、土曜日の午前中に実施したことから、ルート上の交通量は比較的少なかった。各ドライバーは、指定されたルートを 2 回走行する。1 回目のドライビングでは通常ドライブを行い、2 回目のドライビングではエコドライブの授業を反映したエコドライブを試みてもらう。ドライビング評価では、実地ドライビング教習の結果を受けて、インストラクターが各ドライバーに対して結果のコンサルティングと今後のエコドライ

図 11.2　実地ドライビング教習のテストルート（東京）

図 11.3　実地ドライビング教習のテストルート（マニラ）

写真 11.1　マニラのエコドライブ講習の概要
（左上・右上：エコドライブの授業、下：ドライビング評価）

ブに関するアドバイスを行う。実地ドライビング教習のテストルートを図 11.2 ～ 11.3 に、マニラにおけるエコドライブ講習の概要を写真 11.1 に示す。

最後に、ドライバーに対するアンケート調査に関しては、エコドライブ講習がドライバーのドライビング行動に与える効果を検証する目的から、講習前後に各ドライバーに対して回答を求めている。具体的には、講習前アンケート調査は講習直前に配布して回答をお願いし、講習後アンケート調査は講習後のドライバーの実走行トリップデータ収集の最終日に配布して回答してもらっている。講習前アンケート調査では、各ドライバーの心理的特性、その他の社会経済的特性に関して尋ねている。社会経済的特徴に関する質問には、性別、年齢、世帯人員、ドライビング経験、職業、学歴、ドライビング頻度、ドライビング目的、年間走行距離、ドライビング費用負担（自己負担、あるいは会社負担)、世帯収入などが含まれている。

さらに、カーアクセサリー（たとえば、エアコン、DVD ／ CD プレーヤー）など付属品、点検頻度などに関する質問も行っている。心理的特徴に関する質問は、「よく車線変更をするほうだ」など、55 の文を示し、各ドライバーは「1：全く当てはまらない」から「5：非常に当てはまる」までの 5 スケールから選んで回答する形式をとっている。質問は 5 つのカテゴリーに分類され、各カテゴリーはそれぞれ心理的な構成概念、すなわち「攻撃的ドライブ」、「イライラドライブ」、「不安ドライブ」、「交通ルール無視ドライブ」、「享楽的ドライブ」を測定するのに用いられる。具体的な各構成概念の測定方法に関しては次節で示すこととする。

(2) データの特徴

東京およびマニラにおいてエコドライブ講習を受講した全体で 57 人のデータが収集された。東京における 27 人のデータ収集は 6 か月（2010 年 2 月～ 8 月）におよび、冬季、春季、夏季にまたがっている。マニラにおける 30 人のデータ収集は 7 か月（2010 年 9 月～ 2011 年 4 月）におよび、雨季、乾季にまたがって実施された。マニラと東京のドライバーの特徴を表 11.1 に示す。いずれの都市でも、男性の方が女性よりも多く、30 歳以上のドライバーはマニラで 89%、東京は 56%であった。しかし、日本の人口の高齢化を反映して、東京では 60 歳以上のドライバーも少なからず存在する点に留意が必要である。収集されたデータには、就業に関する部分も含まれている。マニラのドライ

表 11.1　マニラと東京のドライバーの特徴

	性　別	年　齢	就　業
属　性	男性，女性	30歳以下，30歳超	就業，非就業
東　京	70%，30%	44%，56%	63%，37%
マ ニ ラ	63%，37%	11%，89%	85%，15%
	世帯年収	ドライブ頻度	同 乗 者
属　性	$1M以上、$1M未満	週3-4日以上，未満	有，無
東　京	81%，19%	85%，15%	48%，52%
マ ニ ラ	56%，44%	85%，15%	56%，44%

表 11.2　エコドライブ講習日における実地ドライビングの結果

		東　京			マニラ	
	Mean	STD	P-value	Mean	STD	P-value
講習前燃費－講習後燃費 (km/l)	−1.366	0.837	0.000*	−0.894	0.525	0.000*
講習前燃料消費量－講習後燃料消費量（cc）	41.976	31.674	0.000*	58.366	41.366	0.000*
講習前走行距離－講習後走行距離（km）	0.003	0.022	0.442	0.021	0.065	0.084
講習前走行時間－講習後走行時間（sec）	−29.487	81.697	0.072	−37.467	58.615	0.002*
講習前停止時燃料消費率 (cc/sec)	0.084	0.017	0.000*	0.181	0.097	0.000*
講習前停止時間－講習後停止時間（sec）	5.852	64.880	0.643	−31.883	38.864	0.000*

バーの方が東京よりも就業率が高くなっている。また、世帯収入は東京のドライバーがマニラよりも高くなっている。これは対象としている都市の経済状況を反映しているものと考えられる。いずれの都市でも頻度に関しては、少なくとも週に3～4回ドライブするという回答割合が高い値を示しており、ドライバーの車依存の日常生活が表れている。また、東京ではマニラよりも非余暇目的トリップの割合が高く、マニラでは東京よりも世帯人員、同乗者数が多い傾向にあった。

エコドライブ講習日において、ドライバーはエコドライブテクニックの教習を受けている。このテクニックの教習は、各ドライバーによる通常ドライブとエコドライブの実地ドライビングを通じて行われる。その結果、得られたドライブデータは「診断レポート」としてまとめられる。診断レポートは通常ドライブ（講習前）とエコドライブ（講習後）を比較する内容となっており、同時に各ドライバーの行動を表すパラメータが示される。本レポートにより、4つの異なるスピードモードに関するドライビングが明らかにされる：すなわち、加速、クルージング、減速、アイドリングである。4つのモードは、6つのドライビングに関するパラメータとして出力される：すなわち、燃費（km/l)、燃料消費量（cc)、走行距離（km)、走行時間（sec)、停止時燃料消費率（cc/sec)、停車時間（sec）である。

表11.2はエコドライブ講習日における実地ドライビングの結果をまとめたものである。ドライビングの一般的な改善効果が表れている。東京、マニラのいずれのドライバーに関しても平均燃費は通常ドライブよりもエコドライブの方が有意に改善しており、各ドライバーによる燃料節約が達成されたと考えられる。燃料消費量も通常ドライブよりもエコドライブの方が有意に少なくなっていることが確認できる。このことは燃費改善と整合的である。平均走行距離には有意な差が見られなかったが、これはすべての講習で同じルートを使用しているためである。停止（アイドリング）時平均燃料消費率も通常ドライブと比較してエコドライブの方が有意に減少している。これはエコドライブ時では通常ドライブ時より少ない燃料が消費されていることを意味しており、アイドリングストップテクニックを適用することでアイドリング時の燃料節約が成されたことを表している。

しかしながら、東京では認められないものの、マニラにおける通常ドライブの平均走行時間は、エコドライブと比較して有意に短くなっている。これは、エコドライブ時の停車時間が通常ドライブ時よりも有意に長かったことを意味している。マニラのドライバーは、エコドライブ時にアイドリングストップテクニックへの適応に遅れ、より長い停車時間を要することとなったと考えられる。信号停車時間中イグニッションキーをオフにし、信号が青に変わった段階でキーをオンに戻すことに対して、マニラのドライバーはやや適応に時間を要したと考えられる。

11.3　燃費、エコドライブ講習の効果、ドライバーの特徴の関係

ドライバーに対するアンケート調査では、心理的特性とそれ以外の特性に関して尋ねている。心理的特性以外の特性としては、性別、年齢、その他の項目があり、表11.1に一部要約されている。心理的特性に関しては、過去の研究を参考として、ドライバーの心理的特性を示す5つの心理的尺度を選定した。すなわち、「攻撃的ドライブ」、「イライラドライブ」、「不安ドライブ」、「交通ルール無視ドライブ」、「享楽的ドライブ」である。最初の3尺度は、一般的な

ドライバーを対象として警察庁により実施されているアンケート調査の一部引用である。「攻撃的ドライブ」は、乱暴なドライブを行いがちなドライバーの心理的特性を表し、「イライラドライブ」は他のドライバーによりイライラしがちなドライバーの心理的特性を表している。「不安ドライブ」、「交通ルール無視ドライブ」、「享楽的ドライブ」は、それぞれドライブ中の意思決定が遅い、交通ルールを軽視している、ドライブを楽しく感じるといったドライバーの心理的特性を表している。各心理的尺度を測定するために、各心理的尺度に関連する状況を表現している 6 から 12 の質問文を注意深く準備して、各ドライバーに自身の当てはまり具合を尋ねている。欠損値のある質問文に関するデータを除いた後、クロンバックの α 指標を各尺度に関して計算し、指標の改善に寄与しなかった質問文に関するデータを除外した。

結果として、各心理的尺度に対していくつかの質問文が選定され、質問文に対する回答を集計して各尺度の測定結果とした。表 11.3 は 5 つの心理的尺度の測定結果に関して、選定された質問文の例、クロンバックの α 指標を示している。「攻撃的ドライブ」と「交通ルール無視ドライブ」に関しては、特に後者のマニラケースにおいて、クロンバックの α 指標が十分高い値とならなかったため、東京とマニラで異なる質問文を選定することとした。

以下では、東京とマニラにおける被験者ドライバーに対するエコドライブ講習の効果を検討するために、ドライバーの心理的特性に特に着目して分析を

表 11.3　5 つの心理的尺度に関する選定された質問文の例とクロンバックの α 指標

心理的尺度	質問文の例 (5 スケール回答 「1：全く当てはまらない」～「5：非常に当てはまる」)	クロンバックの α 指標 (質問文数) 東京	マニラ
攻撃的ドライブ*	よく車線変更をするほうだ	0.82	0.71
	つい気軽に車線変更をしてしまう	(2)	(3)
イライラドライブ	自分のペースを乱されると、とてもいやな気分になる	0.81	0.81
	運転が下手な人は遠慮して走るべきだ	(2)	(2)
不安ドライブ	なんとなく、ぎこちない運転をしてしまう	0.89	0.92
	自分の運転は優柔不断で間のとりかたがまずいと思う	(6)	(6)
交通ルール無視ドライブ*	交通ルールが守られにくいのはルール自体に問題がある	0.91	0.63
	スピードが出てしまう場所での取締りは納得できない	(2)	(3)
享楽的ドライブ	運転は楽しくて仕方ない	0.84	0.70
	運転することに生きがいを感じる	(3)	(3)

注：*は東京とマニラの分析で使用する質問文が異なることを意味する。

表 11.4　燃費と燃費改善率に関する回帰分析結果

左：東京，右：マニラ	燃費（km/l）		燃費改善率		燃費（km/l）		燃費改善率	
	係　数	t 値	係　数	t 値	係　数	t 値	係　数	t 値
定　　数	12.692	5.395	0.798	2.542	5.745	2.653	1.518	9.055
攻撃的ドライブ	−0.384	−1.813	0.045	1.599	−0.157	−0.425	−0.009	−0.304
イライラドライブ	−0.351	−1.496	0.049	1.567	0.502	1.339	0.018	0.617
不安ドライブ	0.094	0.306	−0.011	−0.280	0.517	1.392	−0.047	−1.637
交通ルール無視ドライブ	0.075	0.319	−0.019	−0.624	−0.056	−0.113	−0.021	−0.554
享楽的ドライブ	0.222	0.896	0.016	0.491	−0.289	−0.924	−0.015	−0.599
性　　別 （男性：1，女性：2）	−0.255	−0.512	−0.088	−1.320	0.119	0.195	−0.057	−1.197
年　　齢	−0.016	−0.661	0.001	0.431	0.456	1.565	−0.017	−0.751
ドライブ頻度 （1：高い，5：低い）	0.321	1.098	−0.064	−1.652	−0.431	−1.248	−0.022	−0.835
同乗者有	0.010	0.023	0.017	0.281	−0.313	−0.526	−0.009	−0.197
自身で車の費用を負担	−0.055	−0.104	−0.058	−0.822	−1.172	−1.983	0.052	1.141
車の点検頻度 （1：高い，5：低い）	−0.660	−2.523	0.084	2.395	0.144	0.568	−0.025	−1.274
世帯年収	0.000	0.163	0.000	0.351	0.000	−0.150	0.000	0.412
サンプル数		27		27		30		30
R2		0.610		0.554		0.440		0.407

行った。燃費（km/l）とエコドライブ講習前後の燃費改善率という2つの被説明変数を選定し、心理的特性などを説明変数とする回帰分析を行った。燃費はエコドライブ講習中の実地ドライビングにおける通常ドライブデータを用いており、各被験者ドライバーのエコドライブ講習前の燃費（km/l）が示されているものと考えられる。燃費改善率はやはりエコドライブ講習中の実地ドライビングにおけるエコドライブ燃費を通常ドライブ燃費で割った値((講習後 km/l)／(講習前 km/l)) である。説明変数として、心理的特性、非心理的特性変数のうち、欠損値のある変数は除外した。結果を表 11.4 に示す。

東京のケースでは、燃費モデルの決定係数は0.61であり、「攻撃的ドライブ」特性を持つドライバーは他の心理的特性を持つドライバーと比較して 10%有意で燃費が悪くなるという結果となった。非心理的特性に関しては、車の点検頻度が高いドライバーは 5%有意で燃費が良いという結果となっている。つまり、「攻撃的ドライブ」の心理的特性を持ち、車の点検頻度が低いドライバーの燃費は悪い傾向にあると考えられる。燃費改善率モデルの決定係数は 0.55 であり、非心理的特性である車の点検頻度の低いドライバーは 5%有意で燃費改善率が相対的に高いという結果となった。車の点検頻度が低いドライバーはエコドライブ講習により効果的に動機付けられたと言うことができるであろう。

マニラのケースでは、燃費モデルも燃費改善率モデルも決定係数が満足のいく水準に達しなかった。非心理的特性である「自身で車の費用を負担」という変数が燃費に 10％有意でマイナスに影響するという結果が示されているものの、直観に反しているように思われる。これはマニラのドライバーの主なトリップ目的が余暇であったことを反映しているためではないかと考えられる。

11.4　実走行におけるエコドライブの評価

エコドライブ講習の中では、「アイドリングストップ」および「穏やかな発進」のための加速テクニックが、特に精力的に教えられているため、実走行トリップ中の評価は、これら 2 つのエコドライブテクニックに焦点を当てて行った。

アイドリングストップに関して、通常、およびエコドライブの実走行トリップの GPS データを GIS 道路ネットワーク地図上に示すことにより、被験者ドライバーの車の経路軌跡を構築した。各ドライバーの停車中の燃料消費量、および停車時間（それはほとんどが信号で止まることにより引き起こされていた）について分析を行い、エコドライブ講習前後で、停止に関するデータ数が十分に得られているドライバーのデータのみを統計的な評価に用いた。最終的に、アイドリングストップの評価のために、東京とマニラのドライバーの中から各々 20 人のドライバーのデータセットを得た。他のドライバーのデータは、講習前後に、GPS や燃料計の不備があったため、あるいは停止を含むトリップ数が十分な数に達していなかったため、除外することとした。

得られたデータセットにおいては、エコドライブ講習の前後で、各ドライバーの停止中（アイドリング中）の燃料消費の変化を 5％および 10％の有意水準で評価しており、改善、悪化、変化なしの 3 基準によって分類している。表

表 11.5　アイドリングおよび加速の実走行中における改善人数

条　件	5％有意水準での改善				10％有意水準での改善			
	アイドリング		加速		アイドリング		加速	
	東　京	マニラ	東　京	マニラ	東　京	マニラ	東　京	マニラ
改　善	4	6	7	8	4	6	9	8
悪　化	2	3	0	1	3	3	1	1
変化なし	14	11	13	6	13	11	10	6
合　計	20	20	20	15	20	20	20	15

11.5 に、5%および 10%の有意水準によるドライバーのアイドリングストップの実施に関する評価結果を示す。

アイドリングストップに関しては、東京では、27 人のドライバーのうちの 20 人が講習中に改善を示し、20 人のドライバーのうちの 10 人が実走行トリップで改善を示した。マニラでは、30 人のドライバーのうち 19 人が講習中に改善を示し、20 人のドライバーのうち 11 人が実走行トリップで改善を示した。しかしながら、10%水準の統計的評価では、4 人の東京のドライバー、および 6 人のマニラのドライバーだけが実走行トリップで有意な改善を示す結果となった。

穏やかな加速に関して、再び GIS 道路ネットワーク地図上に GPS のデータを示すことによって、交差点で加速を始める際の燃料消費についての情報を含むデータセットを作成した。この場合、加速パターンは信号が青に変わり、ドライバーが車を加速させる一定の区間を対象にデータセットを構築している。各ドライバーの加速区間は、交通渋滞に巻き込まれているようなケースを含まないように抽出した。最終的に、穏やかな加速の評価のために、20 人の東京のドライバーのデータセット、および 15 人のマニラのドライバーのデータセットが得られた。表 11.5 に、5%および 10%の有意水準によるドライバーの穏やかな加速の実施に関する評価結果を示す。

穏やかな加速に関しては、東京では 27 人のうち 15 人のドライバーが講習中に改善を示し、20 人のうち 16 人のドライバーが実走行トリップで改善を示した。マニラでは、30 人のうち 12 人のドライバーが講習中に改善を示し、15 人のうち 12 人のドライバーから実走行トリップで改善を示した。しかしながら、10%水準の統計的評価では、東京においては 9 人のドライバーのみが有意で、マニラにおいては 8 人のドライバーのみが有意な改善を示す結果となった。

最後に、アイドリングモードと加速モードに関して、講習中および実走行中の結果の比較を行った。アイドリングおよび加速中のドライバーの講習日の燃費と実走行の燃費の関係を検討するために、東京とマニラのドライバーを各々改善の度合いに応じて、大きな改善、中程度の改善、およびその他グループに分類した。各グループは、東京とマニラの両方の場合で 6 人から 8 人のドライバーで構成した。

アイドリングモードに関しては、マニラと東京の両方のドライバーにおいて、講習中に記録された燃費改善がその他グループに分類されたうちの何人かで、実走行中に大きな改善を示していた。この結果は、加速モードの改善についてグループ化した結果と一致していた。加速モードに関しては、実走行中での燃費改善がその他であるグループは、講習中に最大の改善を示していた。したがって、アイドリングモードと加速モードの双方について、講習中と実走行中の燃費に関するドライバーの改善効果は、必ずしも関係していないということが明らかになった。他の外部要因、およびドライバーの属性が影響を及ぼしているものと考えられる。

また、ドライバーの特性とアイドリングモード、加速モードとの間の検討も行った。アイドリングモードと加速モードの改善とドライバー特性との間の関係の有意性を検討するために、ドライバーの特性を基本とした χ^2 検定を行った。用いた 16 のドライバー特性は、性別、年齢、世帯規模、運転経験（免許を取得してからの期間）、職種、通学、使用頻度、運転目的、車保有、収入、車両の排気量、付属品の数、メンテナンスの頻度、同乗者の有無、駆動装置のタイプ、購入時の車の条件（新車か中古か）である。

アイドリングモードについて、10％の有意水準では、マニラのドライバーのアイドリングモードの燃費改善と関係する唯一の有意な特性は、使用頻度（運転利用が毎日か毎日でないか）であった。東京のドライバーに関しては、有意な特性は見いだされなかった。有意性は無いものの、アイドリングモードに大きな改善のあったグループには女性ドライバーが多く、それは東京およびマニラの場合に共通であった。女性のドライバーは男性のドライバーよりもアイドリングストップを採用する可能性が高いことが示唆された。

加速モードについては、マニラのドライバーに付属品の数（5％有意）、および運転経験（10％有意）との関係が見いだされた。東京のドライバーに関しては、収入（10％有意）および車両の排気量（10％有意）の点でドライバーの燃費改善との関係性が認められた。また、興味深いことに、マニラと東京の両方の場合に共通して加速モードに大きな改善を示すグループには男性のドライバーが多かった。この結果は統計的に有意ではないが、男性のドライバーの方が女性のドライバーより穏やかな加速を採用する可能性が高いことが示唆された。

11.5　エコドライブ講習の効果と今後の課題

本章では、開発途上国（マニラ）や先進国（東京）において、エコドライブ講習がドライバーの燃費に与える効果に関して検討した。

第一に、エコドライブ講習はマニラのような開発途上国の都市でも効果が認められた。第二に、東京とマニラのドライバーに適用可能な共通の心理的尺度の構築を行った。ドライバーの心理的特性に関しては、「攻撃的ドライブ」が東京のドライバーの燃費に10％有意で影響していることが示された。もし、エコドライブ講習の参加者に関する心理的、および非心理的特性を事前に知ることができれば、これらの特性を考慮に含めることにより、エコドライブ講習自体を改善することが可能となるであろう。

第三に、アイドリングモードと加速モードに関して、東京でもマニラでも、一部のドライバーは、エコドライブ講習を受けた後に実走行中の燃費を改善することを明らかにした。しかしながら、悪化あるいは変化のないドライバーも少なからず存在した。講習中のデータに基づくエコドライブ講習の評価を実走行に適用する場合には、効果を割り引く必要があるかもしれない。また、アイドリングモードと加速モードの双方について、講習中と実走行中の燃費に関するドライバーの改善効果は、必ずしも関係していないということが明らかになった。他の外部要因およびドライバーの属性が影響を及ぼしているものと考えられる。さらに、マニラのドライバーに関して、アイドリングモードの燃費改善と関係する唯一の有意なドライバー特性は、使用頻度（運転利用が毎日か毎日でないか）であった。東京のドライバーには有意な特性は見いだされなかった。加速モードでは、マニラのドライバーに関して、付属品の数および運転経験との関係が見いだされた。東京のドライバーに関しては、収入および車両の排気量において関係が認められた。

今後の課題としては、交通状況、道路状況、車両の状態、ドライバーの特徴、トリップの特徴、その他の状況と共に、ドライバーの心理的特性に関してさらに検討する必要がある。また、急速にモータリゼーションが進む開発途上国において、エコドライブ講習の適用に関する情報を収集する必要もあるであろう。

【謝辞】

本章の調査および分析においては、東京工業大学大学院生のアナベル・アブーゾ氏（2011年当時）にご協力をいただいた。また、エコドライブ講習の実施については谷口正明氏（元省エネルギーセンター）の多大なご支援をいただいた。謹んで謝意を表したい。

【参考文献】

1) 松橋啓介、低炭素社会に向けた交通システムの将来ビジョンの構築について、都市計画論文集、No.42（3）、pp.889-894、2007
2) 米澤健一、松橋啓介、自治体規模の違いによる自家用乗用車の CO_2 排出量変化の要因分析、都市計画論文集、No.44-3、pp.109-114、2009
3) 内田元喜、氏原岳人、谷口守、橋本成仁、中山間地域を含む地方都市を対象とした低環境負荷型地域構造の検討－居住者の自動車利用に伴う CO_2 排出量を対象として－、都市計画論文集、No.44（3）、pp.361-366、2009
4) Taniguchi M. and Miyasaka T., A Study on Practical Energy Saving Drives under Traffic Condition, Proceedings of the SAE of Japan, Vol. 80-05, pp. 21-24, 2005
5) Energy Conservation Center of Japan, Idling Stop 2002 / Driving Data, http://www.eccj.or.jp/idstop/caravan02/data.html, 2011
6) 松本修一、朴泰輝、川嶋弘尚、エコドライブ走行の燃料消費率低減効果に関する研究、土木計画学研究・論文集、Vol.27、No.5、pp.991-998、2010
7) 森健二、谷口正明、信号待ち時のアイドリングストップが交通の円滑性に及ぼす影響に関する一考察、土木計画学研究・論文集、Vol.24、No.4、pp.775-780、2007
8) 新田保次、藤岡太造、車載機器を用いたエコドライブ支援による貨物自動車の燃費・環境改善および安全性向上効果の分析、土木学会論文集、Vol.65、No.3、pp.293-302、2009
9) 加藤秀樹、松橋啓介、小林伸治、近藤美則、交通量・信号制御の影響を考慮したエコドライブ効果の評価、土木計画学研究・論文集、Vol.27、No.5、pp.917-924、2010
10) 森健二、牧下寛、混雑時におけるエコドライブの効果、土木計画学研究・論文集、Vol.27、No.5、pp.935-940、2010
11) 松村暢彦、ポジショニング技法を用いたエコドライブ動機付けシートの態度・行動変容効果、土木計画学研究・論文集、Vol.24、No.3、pp.629-635、2007
12) Swedish National Road Administration, Impact of Ecodriving on Emissions and Fuel Consumption, http://publikationswebbutik.vv.se/upload/2000/1999_165E_impact_of_ecodriving_on_emissions_and_fuel_consumption.pdf, 2000
13) El-Shawarby, I., Hyoungho, A., and Rakha, H., Comparative Field Evaluation of Vehicle Cruise Speed and Acceleration Level Impacts on Hot Stabilized Emissions, Transportation Research Part D 10, pp.13-30, 2005
14) Deutsche Gessellsschaft Fur Technische Zusammenarbeit（GTZ）, Sustainable Transport：a Sourcebook for Policy Makers in Developing Cities Module 4f：Ecodriving. http://www2.gtz.de/dokumente/bib/05-0524.pdf, 2005

15) UITP, The Millennium Cities Database for Sustainable Transport, CD, 2001
16) 岡村和子、藤田悟郎、一般ドライバーの運転態度：事故・違反との関連及び教育アプローチー、日本交通心理学会発表論文、2004
17) 土田哲彰、室町泰徳、ドライバーの運転態度が速度選択行動に与える影響に関する研究、交通工学研究発表会論文報告集、Vol.25、pp.121-124、2005

第12章　食品流通における CO_2 排出量の推計
ミナミマグロを例として

12.1　Food Logistics と CO_2 排出

食料の輸送距離（フードマイレージ）世界一とされるわが国において、生産と消費をつなぐ流通分野の環境負荷低減、物流コスト低減は重要である。特に、長距離の輸送を必要とする輸入食料品市場においてその影響は大きい。かつて世界一の漁業生産を誇り、水産大国と謳われたわが国も、排他的経済水域(EEZ）の導入や輸入品の台頭などにより、生産量は低下の一途をたどっている。また、品質の劣化しやすい水産物を輸送するための低温技術の開発により、より遠くの地域から仕入れることができるようになったことも、その傾向に大きく影響している。

そこで、本章では、低温技術開発と高度経済成長を経た所得向上により大衆化し、多くが日本で消費されるマグロを例に取り上げ、流通経路や物流費用を明らかにする。同時に、環境負荷の面からも、その影響を把握し、全体としては、マグロ流通を例に、「Food Logistics」における CO_2 排出量推計を試みることを目的とする。

12.2　水産物輸入の実態

日本の水産物生産量は、生産量最大のピークである1980年代後半までは、自給率は下がってはいるものの高い水準で推移している。反面1980年代後半を境に生産量は激減、自給率も急激に低下している。排他的経済水域（以下、EEZ）が導入されたのは1977年であるが、生産量は増加し自給率にも大きな変化はない。また、日本は世界第6位のEEZをもっているため、生産量を維持することは不可能ではないはずである。

ここで、輸入品についてみると、1985年から急激に増加している。この1985年はプラザ合意があった年である。その結果ドルに対して円高になり、海外のものが安く買えるようになった。ここから、価格が競合し、徐々に漁業が衰退していったと考えられる。事実、遠洋漁業や沖合漁業の生産量減少が顕著である（図12.1）

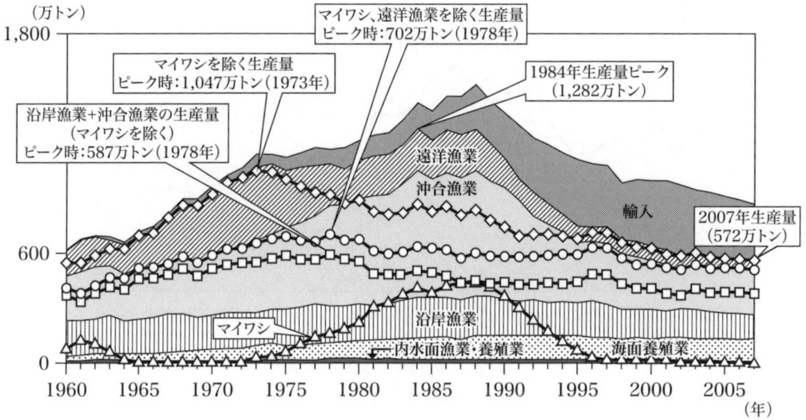

図 12.1　日本の漁業生産量

（出所：水産白書 2009 年版より）

(1) マグロ輸入の現状

本項からはマグロに絞った分析をする。マグロは刺身として日本人に最もなじみの深い魚であるが、今日のように消費されるようになったのは高度経済成長期以降のことである。それまではほとんどが外貨獲得手段として、アメリカ向けの缶詰原料に用いられていた。高度経済成長による所得の向上から刺身需要が急増し、技術進歩や冷凍技術の向上により高鮮度での供給が可能となったため、刺身需要に応えることができるようになった。

特に冷凍技術の向上は、冷凍マグロの安定供給を可能としたことで、今日のような大衆化をもたらした。しかしそれは、輸入品との競争をもたらし、現在では国内で流通する量の半分強は輸入品となっている（図 12.2）。

(2) 輸送形態について

マグロは形態別に冷凍品と生鮮品（冷蔵状態）の 2 つが存在する。それぞれについて、簡単に説明をする。

①　冷凍マグロ

陸揚げ、加工後すぐ急速冷凍される。肉の色を維持するため－60℃以下という超低温で急速冷凍される。これはマグロの肉が、メト化（図 12.3）という変化を起こさないようにするための方法である。そのため、輸送段階で用いられる船舶、トラック、倉庫には超低温設備が必要である。味に関しては、万全の

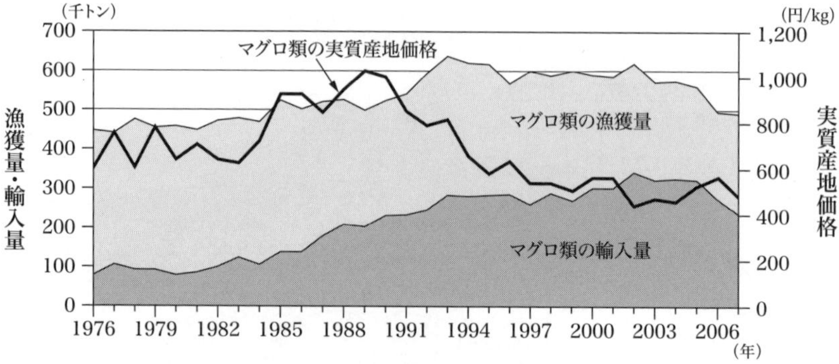

図 12.2　マグロ生産量と輸入量
（出所：水産白書 2009 年版より）

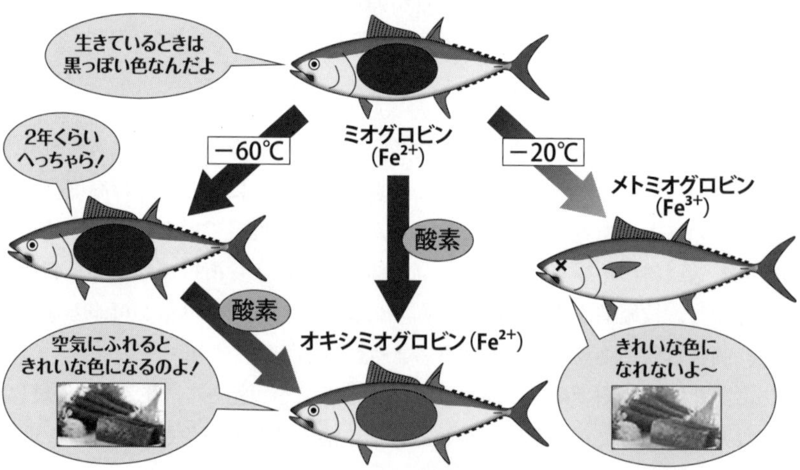

図 12.3　メト化と温度の関係
（出所：まぐろ研究所　凍結まぐろ高品質化についての取り組みより）

方法で解凍すれば、消費者のみならず業者でも生鮮マグロとの違いがわからないほどである。しかし解凍方法を誤ると多量のドリップが出てしまい、味を大きく損なう。かなり長期間の保存に耐えうるもので、およそ 2 〜 4 年はもつと言われている。

② 生鮮マグロ

陸揚げ、加工後すぐチルド状態に冷蔵される。その状態のまますばやく輸送され、市場に出される。加工の工程により、輸送段階では冷蔵設備を必要としないこともある。冷凍マグロより優れた味とされ、高値で取引きされる。保存は1か月が限界である。

(3) 輸送手段別の輸入量について

①　航空輸送

財務省の貿易統計から、2008年における、マグロ類の輸入量を品目別に集計した（表12.1～12.4）。当然のことながら、生鮮マグロが上位を占めることとなる。重量では、キハダマグロとメバチマグロの2品目で8割を占めている。これは価格の安さに加えて、クロマグロやミナミマグロと違い、年間を通して輸入できることが寄与していると考えられる。

ここでは掲げていないが、輸入相手国を見ると、主にインド洋と南太平洋周辺国からの輸入が目立つ。とりわけインドネシアの割合が高くなっており、キハダマグロが多いという推測ができる。

②　海上輸送

冷凍保存される海上輸送では、輸入は冷凍品で占められることになる。重量

表12.1　2008年の輸入品目（重量）

順位	品目名	割合
1	キハダマグロ生鮮	44%
2	メバチマグロ生鮮	42%
3	クロマグロ生鮮	9%
4	ミナミマグロ生鮮	3%
5	メカジキ生鮮	1%
－	その他	1%

（出所：財務省貿易統計を基に作成）

表12.2　2008年の輸入品目（金額）

順位	品目名	割合
1	メバチマグロ生鮮	36%
2	キハダマグロ生鮮	35%
3	クロマグロ生鮮	20%
4	ミナミマグロ生鮮	7%
5	メカジキ生鮮	1%
－	その他	1%

（出所：財務省貿易統計を基に作成）

表12.3　2008年の輸入品目（重量）

順位	品目名	割合
1	メバチマグロ冷凍	41%
2	キハダマグロ冷凍	25%
3	その他フィレ冷凍	9%
4	クロマグロフィレ冷凍	7%
5	ビンナガマグロ冷凍	4%
6	ミナミマグロ冷凍	4%
7	メカジキ冷凍	3%
8	クロマグロ冷凍	2%
－	その他	5%

（出所：財務省貿易統計を基に作成）

表12.4　2008年の輸入品目（金額）

順位	品目名	割合
1	メバチマグロ冷凍	32%
2	クロマグロフィレ冷凍	27%
3	その他フィレ冷凍	11%
4	キハダマグロ冷凍	10%
5	ミナミマグロ冷凍	7%
6	クロマグロ冷凍	7%
7	ビンナガマグロ冷凍	2%
8	メカジキ冷凍	1%
－	その他	3%

（出所：財務省貿易統計を基に作成）

単位では、メバチマグロやキハダマグロが上位に位置するが、金額単位では、クロマグロフィレが2位となっている。これは、クロマグロの商品単価の高さを物語っていると言える。

(4) 築地市場における取引実態データから

築地市場の取引データは、東京都中央卸売市場の「市場統計情報」のサイトで公開されている。(http://www.shijou-tokei.metro.tokyo.jp/index.html)

同データベースでは、さまざまな分類に従った水産物統計を得ることができる。マグロ類については、マグロ（クロマグロ）、メジ、キワダ（キハダ）、キメジ、メバチ、ダルマ、ビンナガ、インドマグロ（ミナミマグロ）の分類となっているが、通常はこれに、マグロ類のひとつとして、メカジキを加えることが多い。統計は、月単位の取引量と、平均取引価格が掲載されている。このデータを用いて、2003～2009年の月別、品目別の統計値をとりまとめた。ここでは、代表的なマグロ品種である、クロマグロとミナミマグロについて紹介する。

クロマグロは、国内でも、地中海や大西洋でも捕れる魚種である。特に、地中海では畜養もなされており、冷凍と併せて、漁獲量の不安定な国内産の漁獲変動を埋め合わせる役割も担っていると言える。図12.4を見ると、国内産は、6～7月の漁獲量が多いが、この時期のクロマグロは産卵期でもあり、脂の乗りが悪く、単価は安いと言われる。事実、図12.5より、漁獲量と反比例して、価格は低下している。取扱量を見ると、国内産が少ない時期に、それを代替するように、輸入品が増えている。冷凍は年始需要に合わせて、毎年、12月の取扱量が極端に増える傾向にあるが、取引価格は常に安定している。また、脂

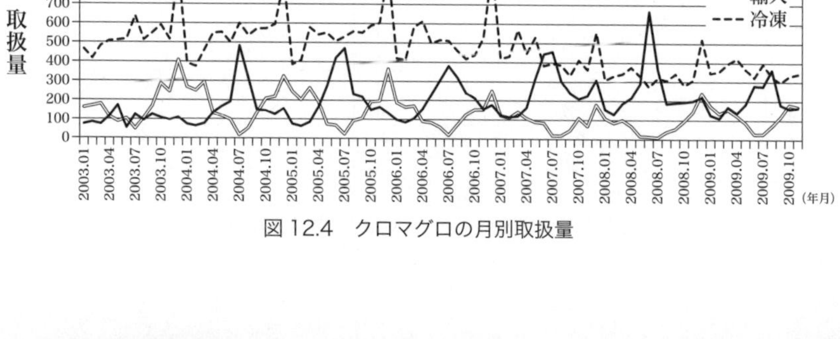

図12.4　クロマグロの月別取扱量

がのる１～２月の国内品は、5,000 円 / kg と、極めて高額で取引きされていることも興味深い。このように、需要動向や、供給変動に合わせて、品種の異なるクロマグロが適時市場に出回っていること、そして明らかな需給関係に基づく価格決定がなされていることなどが推察されよう。

ミナミマグロについては、漁獲地域が、インド洋や南太平洋に限られるた

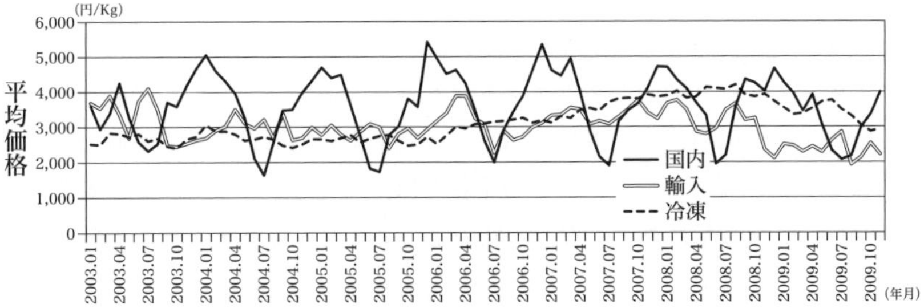

図 12.5　クロマグロの月別平均取引価格

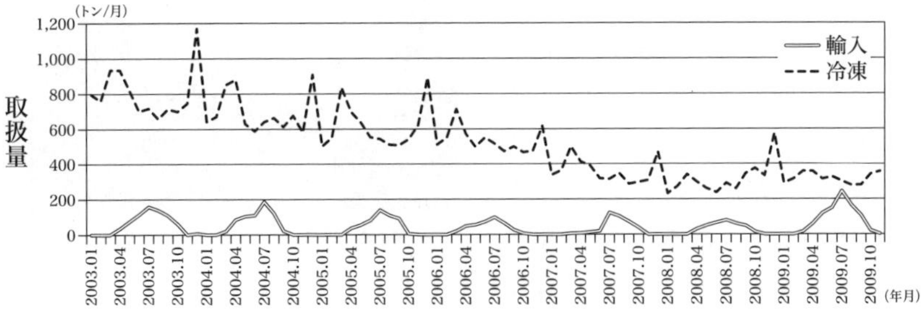

図 12.6　ミナミマグロの月別取扱量

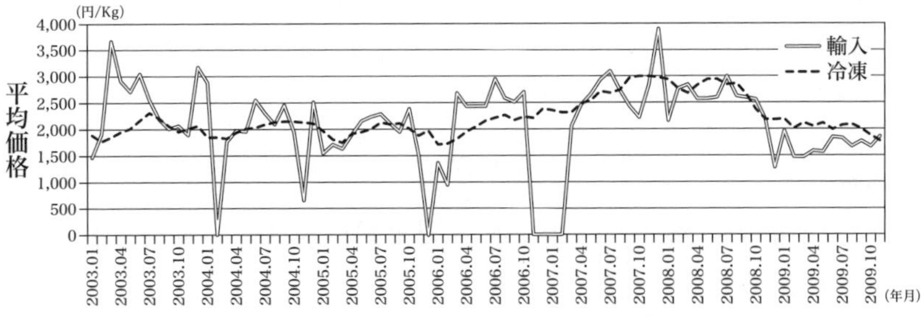

図 12.7　ミナミマグロの月別平均取引価格

め、国内産はほとんど存在しない。図 12.6 から、近年、冷凍品の取扱量が低下傾向にあることや、輸入品が冷凍品に比べて少ないことなどが見てとれる。クロマグロと逆に、6 ～ 7 月が脂の乗る時期であり、やはりその頃のマグロが多く輸入されているようである。価格は輸入品も冷凍も大きくは変わらず、最近は 2,000 円 / kg 程度である（図 12.7）。

12.3　マグロ流通の実態

マグロが実際に流通する過程を実際の例を基に分析した。ここでは、事例として、オーストラリア産の畜養ミナミマグロを対象とした。費用評価の指標は畜養業者からの出荷から市場に並ぶまでに発生する物流費用と、それに伴い発生する CO_2 排出量とした。ここでの畜養とは、旬を過ぎて痩せた成魚を生け簀に捕獲し、餌を大量に与えるなど人間の手により太らせ出荷することを指す。

（1）流通経路

今回対象としたマグロはオーストラリアのポートリンカーン沖で畜養が行われているものである。出荷から冷凍、生鮮の別にそれぞれの方法で輸送が行われ最終的に市場に到着するまでの経路についてヒアリングを基に調査した。畜養までの段階はここでは言及しない。なお、ここでも冷凍マグロは海上輸送、生鮮マグロは航空輸送となっている。

写真 12.1　マグロの水揚げの様子

①　冷凍マグロ

以下に冷凍マグロの流通フローを示す。冷凍運搬船と海上コンテナ船を利用する場合の 2 ルートが存在するが、本項では冷凍運搬船利用を取り上げ、コンテナ船利用については紹介にとどめる。

【冷凍 輸送船ルート】

畜養場 → 運搬船 → 清水港 → 冷凍倉庫（保管）→ 築地市場

① 畜養場から運搬船まで

この間の輸送は加工船で行われる。畜養場から加工船上に揚げられたマグロは運搬船に輸送される。この間に、血抜きなどの加工も行われる。およそ5分～1時間ほどで運搬船に到着する。ここではまだ冷凍されない。

② 運搬船到着から清水まで

運搬船に到着すると加工船から積み替えられ、−60℃以下で冷凍される。ここから清水港まで3週間かけて輸送される。

③ 清水港から冷凍倉庫まで

清水港に到着すると冷凍トラックに積み替え、焼津付近にある冷凍倉庫に運ばれる。

④ 冷凍倉庫での保管

倉庫に移されたマグロは時期をみて出荷される。平均保管期間は6か月である。

⑤ 冷凍倉庫から築地市場へ

時期をみて市場や築地市場に出荷される。今回ヒアリングを行った業者では、基本的に市場への出荷はしないとのことであったが、本研究では築地市場へ輸送するものとする。輸送方法は冷凍トラックである。

以上から、冷凍マグロの畜養場から築地市場までは平均で7か月かかっていることとなる。

【海上コンテナ船ルート】

畜養場 → 加工場 → コンテナ船 → 横浜 → 冷凍倉庫 → 築地市場

畜養場からトラックに陸揚げされ、至近の加工場に運ばれる。ここで加工と冷凍処理が行われた後、冷凍コンテナトラックでコンテナ船まで輸送する。輸送船は2週間かけて横浜港に到着する。そこから焼津付近の冷凍倉庫に船、またはトラックで運ばれ保管される。その後、時期をみて出荷される。運搬船と海上コンテナの選択には、コストや時期など多数の条件がある。

② 生鮮マグロ

以下に生鮮マグロの流通フローを示す。ルートは1つである。便宜上冷凍運搬船利用の場合と同様の通し番号を付した。

【生鮮マグロの流通フロー】

畜養場 → 加工場（作業）→ アデレード空港 → 成田空港 → 築地市場

① 畜養場から加工場まで

畜養場からマグロは陸揚げされ、トラックにより至近の加工場まで運ばれる。陸揚げから加工場到着までの時間は3時間強である。

② 加工場での作業

加工場では洗浄、計測ののち、箱詰めなどの加工が行われる。加工には30 kgのマグロ1匹当たり2分を要するため、1トン当たり68分となる。

③ 加工場からアデレード空港まで

アデレード空港まではトラックにより輸送する。アデレード空港までは道路距離600 kmなので、時速100 kmで移動したものとして、およそ6時間である。

④ アデレード空港から成田空港まで

両空港間は航空機での輸送となる。アデレード空港到着から成田空港からの出荷までにかかる時間は10時間30分である。

⑤ 成田空港から築地市場まで

成田空港からはそのまま築地市場へトラックにより輸送される。道のりはおよそ65 kmで、時速80 kmで移動すれば1時間弱である。

以上より生鮮マグロの畜養から市場までにかかる時間は21時間50分である。

(2) 物流費用

ここでは前項の経路において発生する物流費用を示す。ここでも前項と同じ業者へのヒアリングを基に調査した。

【冷凍マグロの物流費用】（表 12.5）

畜養場 → 運搬船 → 清水 → 冷凍倉庫（保管）→ 築地市場

① 畜養場から運搬船まで

ここでの輸送費用と加工費用は、畜養業者からの買い付け価格に含まれているので、この段階では費用発生しないものとする。

② 運搬船から清水港まで

運搬船での輸送費は 1 kg 当たり 60 円である。1 トン当たりの価格は 6万円となる。

③ 清水から冷凍倉庫まで

冷凍トラックの輸送費は 1 kg 当たり 35 円である。1 トン当たりでは 3万 5,000 円となる。

④ 冷凍倉庫での保管

冷凍倉庫での保管費は、1 か月 1 kg 当たり 10 円である。保管期間を 6 か月とし、各月均一に出荷されるものとすると平均費用は、1,000×10×6＝6 万円となる。

⑤冷凍倉庫から築地市場まで

冷凍トラックの輸送費は 1 kg 当たり 35 円とする。1 トン当たり 3万5,000 円となる。

以上から冷凍マグロの物流費用は 1 トン当たり 19 万円となる。

表 12.5　冷凍マグロの物流費用

過　程	原単位	費用（円 / トン）
①	－	－
②	60 円 / kg	60,000
③	35 円 / kg	35,000
④	10 円 /(月・kg)	60,000
⑤	35 円 / kg	35,000
合計		190,000

（出所：ヒアリングを基に作成）

【生鮮マグロの物流費用】（表 12.6）

畜養場 → 加工場（作業）→ アデレード空港 → 成田空港 → 築地市場

①′　畜養場から加工場まで

輸送費は畜養業者からの買い付け価格に含まれているものとし、この段階では費用は発生しないものとする。

②′　加工場での作業

ここでの加工費は 1 kg 当たり AU$1.0 である。複数のインターネットサイトを参考にした結果、AU$1.0 に対して 80 円として計算した。1 トン当たりでは 8 万円となる。

③′　加工場からアデレード空港まで

ここでのトラック輸送費は日本での費用とほぼ同等と仮定し 1 kg 当たり 10 円とした。したがって 1 トン当たり 1 万円となる。

④′　アデレード空港から成田空港まで

航空機による輸送は 1 kg 当たり AU$2.5 である。②の場合と同じ為替レートを用いると、1 トン当たり 20 万円となる。

⑤′　成田空港から築地市場まで

この輸送は 80 ～ 90 kg の箱を 1 単位として考える。単価は 1 箱につき 900 円である。1 トン輸送するには 80 kg 換算で 13 箱、90 kg 換算で 12 箱必要である。ここでは 12 箱として計算し、1 トン当たり 1 万 800 円となる。

以上から、生鮮マグロの物流費用は 1 トン当たり 30 万 800 円となった。

表 12.6　生鮮マグロの物流費用

過　程	原単位	費用［円 / トン］
①′	–	–
②′	1.0［AU$/Kg］	80,000
③′	10［円 / Kg］	10,000
④′	2.5［AU$/Kg］	200,000
⑤′	900［円 / 箱］	10,800
合計		300,800

（出所：ヒアリングを基に作成）

(3) マグロ流通における費用構造

前項でマグロ流通にかかる物流費用を明らかにした。本項ではその物流費用をいくつかの種類に分け、各項目の割合を分析する。ここでは、3つの種類に分ける。具体的には、輸送費用と、保管費用と、金利費用である。

① 費用の定義

ここでは3種類の費用それぞれについて定義する。

輸送費用　運搬船やトラックなど実際に貨物が動いているときに発生する費用を指す。

保管費用　倉庫での保管などで発生する費用を指す。ここには加工費も含める。

金利費用　企業が在庫をマグロではなく資金として所有していた場合の運用益。または、銀行からの融資にともなって発生する利息。実際は後者であることが多いので、利息の費用とする。この費用は実際の物流費用に追加するものとして考える。本研究では、主要行の短期プライムレートの値を参考とし、年2.5%と設定した。

② 費用の分類

3種の費用に分類される過程との対応関係を表12.7に示す。

表12.7　各過程の費用分類

過　程	海上輸送	過　程	航空輸送
①	輸送費用	①′	輸送費用
②	輸送費用	②′	保管費用
③	輸送費用	③′	輸送費用
④	保管費用	④′	輸送費用
⑤	輸送費用	⑤′	輸送費用
1.4%	金利費用	0.007%	金利費用

金利費用について、対象期間はどちらの輸送方法ごとの所要時間を対象期間とした。

③ 分類ごとの費用推計額

前述の方法に従い費用を分類し（表12.8)、輸送手段別にまとめグラフ化し

表 12.8　実際の輸送費用の分類

海上輸送		航空輸送	
輸送費用	130,000	輸送費用	220,800
保管費用	60,000	保管費用	80,000
金利費用	2,231	金利費用	21
合　計	192,31	合　計	300,821

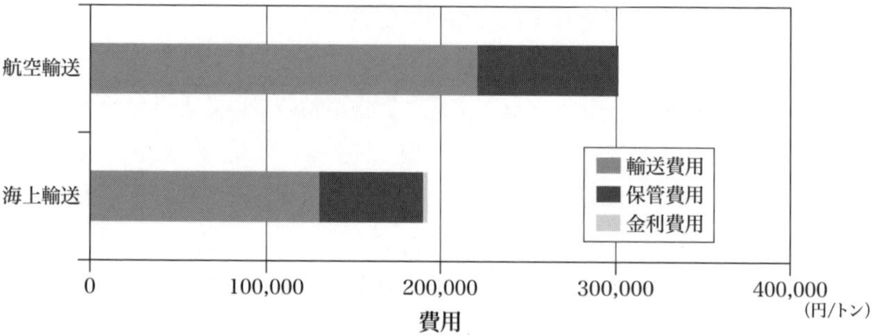

図 12.8　輸送費用の内訳

た。

図12.8から明らかなように、航空輸送の方が海上輸送よりコストが高い。それは輸送費用の差に基づく。しかしながら、保管費用は両手段で大きな差違はなく、冷凍倉庫の保管費と生鮮加工を行うコストが似通っていることがわかる。

12.4　マグロ流通の環境負荷と輸送手段別総費用の考察

地球環境問題が叫ばれて久しいが、ひとつの大きな対策がCO_2排出量の削減である。特に欧州では、企業に対し排出枠を設け、その枠を売買するというCO_2排出権の取引が行われている。そのため、CO_2の排出は、今後、企業にとってのコストとして考えることができるし、そもそも排出量を削減するための輸送手段のあり方も、「Food Logistics」の大きな課題として考察すべき時期に差し掛かっていると考える。

前節では、オーストラリアのみなみマグロに関して、物流費用を明らかにした。ここではCO_2排出量に着目した環境負荷について分析する。環境負荷の値については、参考文献7)（酒井・渡辺・鈴木徹論文）から引用する。なお対象は環境負荷、物流費用の双方とも同じオーストラリアの畜養ミナミマグロである。

(1) 総費用の推計

①　冷凍マグロ

基本的に、前節の物流費用と同一の経路、通し番号を用いる。冷凍マグロ輸送における CO_2 排出量は以下のとおりである。

本分析の扱いについて説明する。①について、本分析における冷凍過程は、「②運搬船〜清水港」であるが、ここで発生する物流費用の内訳は、「輸送費＋冷凍費」である。これにより、冷凍過程がどちらにも含まれていること、本分析において①の過程では費用が発生していないため、同一とみなしても問題はないと考えられる。結果は表 12.9、図 12.9 のとおりである。冷凍の場合、船舶輸送であるため、輸送段階では多くの排出は見られないが、冷凍保存に関わるエネルギー消費量が多く、それが CO_2 排出量を押し上げていることがわかる。

②　生鮮マグロ

生鮮マグロ輸送における CO_2 排出量も推計した。結果は、表 12.10、図 12.10 のとおりである。やはり、航空輸送を伴うため、輸送部分の排出量が大半を占めている。保管や加工に関しては、微少の CO_2 しか排出していないことがわかる。

冷凍と、生鮮を比較すると、マグロ 1 トン当たり、冷凍：3,687（kg-CO_2）、生鮮：7,838（kg-CO_2）となり、冷凍、すなわち航空輸送は海上輸送の倍以上の排出量を伴うことがわかった。

(2) 考　　察

本分析では、物流費用と CO_2 排出量について、航空（生鮮）－海上（冷凍）

表12.9　冷凍マグロ輸送のCO_2排出量(1 トン当たり)

過　程	排出量 kg
①	210
②	409
③	0.49
④	3,050
⑤	17.6
合　計	3687.1

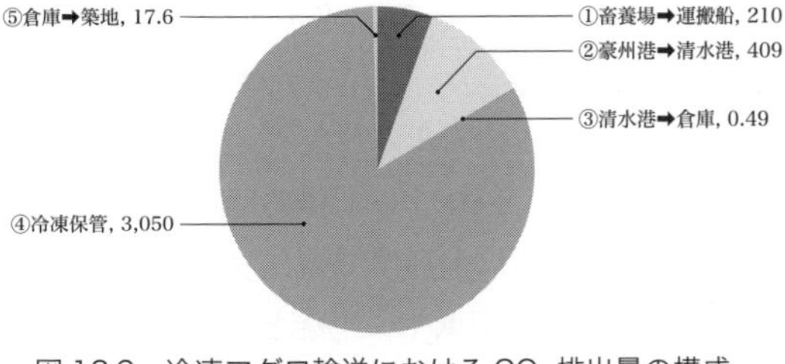

図 12.9　冷凍マグロ輸送における CO_2 排出量の構成

表12.10　生鮮マグロ輸送の CO_2 排出量（1トン当たり）

過　程	排出量 kg
①	0.9
②	25.2
③	105
④	7,688
⑤	19.1
合　計	7838.2

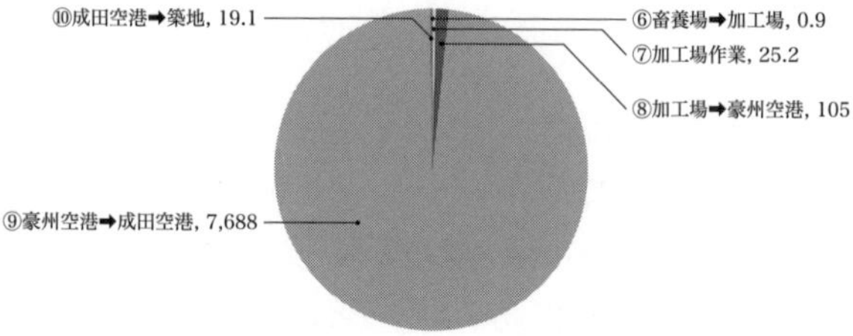

図 12.10　生鮮マグロ輸送における CO_2 排出量の構成

表 12.11　輸送手段別の費用と CO_2 排出量の総括

冷凍（海上輸送）			生鮮（航空輸送）		
過　程	費　用 [円 / トン]	排出量 [Kg-CO_2]	過　程	費　用 [円 / トン]	排出量 [Kg-CO_2]
①畜養場→運搬船	–	210	⑥畜養場→加工場	–	0.9
②豪州港→清水港	60,000	409	⑦加工場作業	80,000	25.2
③清水港→倉庫	35,000	0.49	⑧加工場→豪州空港	10,000	105
④冷凍保管	60,000	3,050	⑨豪州空港→成田空港	200,000	7,688
⑤倉庫→築地	35,000	17.6	⑩成田空港→築地	10,800	19.1
合　計	190,000	3687.1	合　計	300,800	7838.2

の二輸送手段の比較を行った。結果を表 12.11 に総括し、若干の考察を試みる。

まず、冷凍であるが、本章では、ヒアリングに基づき、冷凍倉庫における平均在庫期間を 6 か月とした。しかし図 12.4 における築地市場の取引データからも明らかなように、冷凍マグロは市場の需給動向および取引価格に応じて出荷される傾向にあり、その在庫期間の変動は大きいと想定される。たとえば、在庫期間が 6 か月ではなく、1 年に及ぶ場合、物流費用総額は 25 万円にもなり、生鮮の 30 万円の 83%にも上昇することになる。加えて、CO_2 排出量も、6,737 kg-CO_2 となり、生鮮の 7,688 kg-CO_2 の 88%相当に増加する。

図 12.7 から、ミナミマグロの取引価格は、生鮮も冷凍もおおむね 2,000 円 / kg であった。1 トン当たり 200 万円である。この価格を仮定すると、表 12.11 における物流費の割合は、冷凍では 9.5%、生鮮で 15%となる。また、両者の差の、11 万 800 円は、取引価格の 5.5%であり、単純に考えれば、生鮮品は冷凍より 6%以上高値で売れる必要がある。クロマグロに比較すると、ミナミマグロは単価が低く、生鮮と冷凍の価格差も小さい。それゆえ、多量の生鮮輸入が実現されていないことが想像される。

12.5「Food Logistics」の環境負荷影響分析の意義

本章では、ミナミマグロを例に、水産流通における輸送手段別の物流費用と、CO_2 排出量の推計を試みた。2 つの輸送手段の選択には、荷主（あるいは仲卸業）の行動規範から見た、価格形成メカニズムと物流費用構造が大きく関わっていることがわかった。しかし地球温暖化防止の視点からは、荷主にとって最適な選択が環境負荷最小を実現する訳ではなく、かつ、長期間の保管を避ける在庫管理に焦点があてられるべきであることも判明した。

ここで扱ったのは、水産物の一事例であるが、多くの食材を海外に依存するわが国にとって、国際物流の一翼を担う「Food Logistics」の環境負荷影響分析は一定の意義を有すると考えている。本アプローチを契機として、さまざまな食品流通に対して、荷主・物流事業者・消費者の視点から、多元的な分析がなされることを期待したい。

【謝辞】

本章は、東京海洋大学の平成 21 年度・水工連携研究「保蔵技術を考慮した国際食品流通における海上・航空輸送手段分担の多元的分析」の成果の一部に基づいている。卒業論文として分析を担当した平田雄治氏、共同研究時に有益な助言を頂いた鈴木徹教授、渡辺学教授、黒川久幸教授に謝意を表する次第である。

12.6　補　　足

本章は、2010 年度の報告であるため、統計値が若干古くなっている。そこで、2003 年 1 月から 2009 年 12 月の統計を扱った図 12.4 ～ 12.7 について、10 年時間をずらし、2013 年 1 月から 2019 年 12 月の間の同じ図を作成してみた（次図 12.11 ～ 12.14）。縦軸も同じ値に揃えてある。

まず、クロマグロは「冷凍」が減少し、「国内」が「冷凍」を上回るようになった。取引価格は「国内」「輸入」「冷凍」がほぼ同じ価格で推移するようになっているが、これは「国内」の安定供給が原因と思われる。

ミナミマグロは、「冷凍」の量が 2009 年頃の減少傾向がそのまま継続しており、10 年前は夏場に取扱量にピークのあった「輸入」は、2019 年に若干のピークがあるものの、近年は殆ど取り扱われなくなっている。取引価格は 10 年前と変わらない価格帯で、極めて安定していることも確認できる。

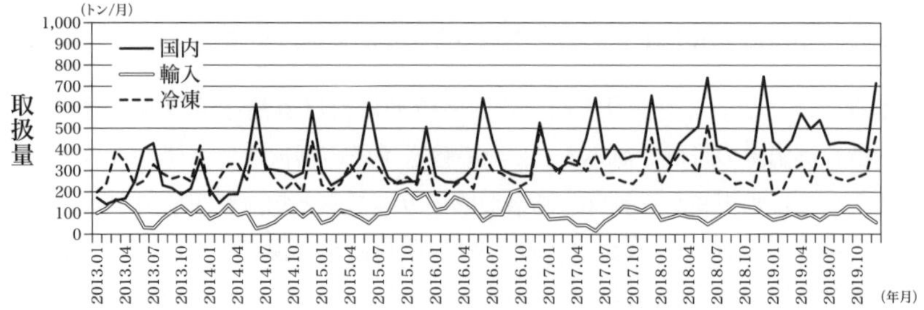

図 12.11　クロマグロの月別取扱量

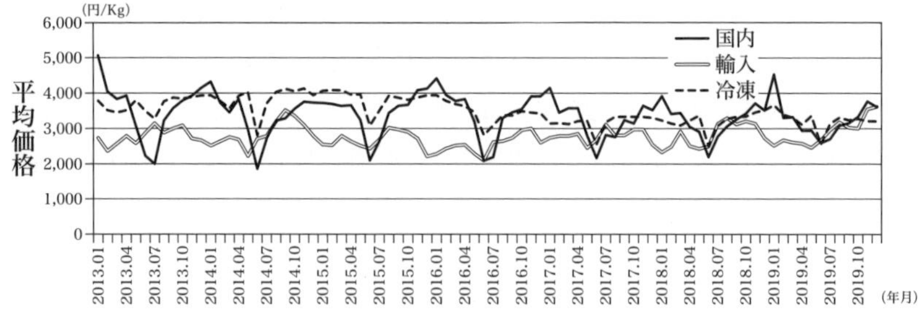

図 12.12　クロマグロの月別平均取引価格

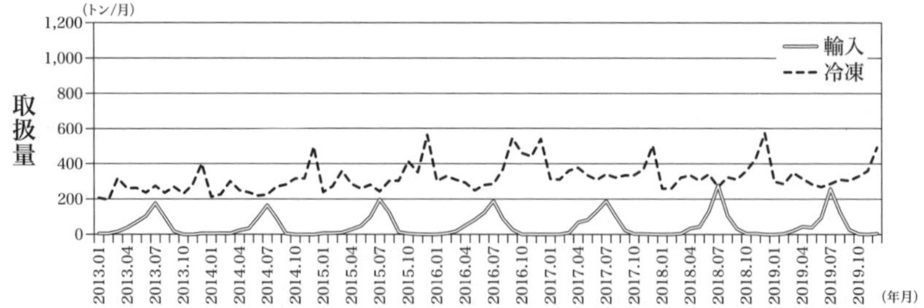

図 12.13　ミナミマグロの月別取扱量

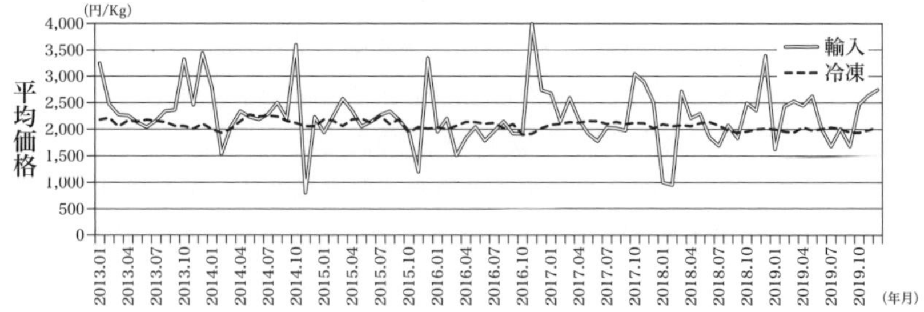

図 12.14　ミナミグロの月別平均取引価格

【参考文献】

1) 水産庁、水産白書　平成 21 年版、2010
2) 水産庁監修、主要水産物の需給と流通、(財) 東京水産振興会
3) 文部科学省、高等学校用　水産流通
4) 独立行政法人　水産総合研究センター、遠洋水産研究所ホームページ、http://fsf.fra.affrc.go.jp/index.htm
5) 東京都中央卸売市場ホームページ、http://www.shijou.metro.tokyo.jp/index.html
6) 財務省貿易統計、http://www.customs.go.jp/toukei/info/index.htm
7) 酒井梨鈴・渡辺学・鈴木徹、畜養マグロ流通における環境負荷－冷凍マグロ（海上輸送）と冷蔵マグロ（航空輸送）の比較－、日本冷凍空調学会論文集、Vol.24、No.3、pp.15-24、2007

第 13 章　通学交通手段利用履歴と車購入に対する意識

13.1　ピークトラベルの要因考察

近年、日本を含む一部の先進国において、過去増加を続けてきた自動車交通量がピークを迎えた、あるいは迎えようとしているのではないか、という議論がある[1),2)]。このような議論においては、増加を続けてきた自動車交通が減少に転じる際のピークを「ピークトラベル」、「ピークカー」などと呼んでいる。ピークトラベルは、現在ではまだそれほど大きな問題とされているわけではないが、将来的に、もし、ピークトラベルを迎えた場合には、自動車交通量や自動車保有台数が減少し、自動車の交通手段分担率が下がり、必要となる道路交通インフラも減少することから、道路交通インフラ整備や維持管理等に大きな影響を与える可能性がある。そのため、ピークトラベルの要因を詳細に検討することは重要な意味を持つこととなる。

Newman and Kenworthy[3)]は、「ピークトラベル」の要因として、交通時間予算の制約、公共交通の成長、逆都市スプロール化、都市の高齢化、都市への回帰現象、燃料価格の上昇の 6 つの可能性を挙げている。また、Goodwin[4)]は、さらに、若年層の車離れ、インターネットなど情報技術の進展などを議論している。なお、Newman and Kenworthy や Goodwin も指摘するように、ピークトラベルに関して考えられるこれらの要因は相互に関係している。たとえば、若年層の車離れは、若年層の都市への回帰や公共交通の利用と密接に結びついている可能性がある。本研究においても、ピークトラベルのコンテクストにおいて、若年層の車離れに深く関連する大学生の将来の車購入に対する意識に焦点を当て、これを詳細に検討することを目的としている。特に日本では、20 世紀後半の都市化の進展によって、人口の多くが相対的に公共交通の利便性が高い都市に居住するようになり、現在の大学生の多くはそのような環境下で交通手段の利用を行ってきたと考えられる。本研究では、このような現在の大学生の過去の交通手段利用履歴、すなわち小学校高学年時、中学時、高校時の通学交通手段に主に着目し、通学交通手段利用履歴が将来の車購入に対する意識に与える影響に関して検討することとする。なお、通学交通手段は生徒が自由に選択しているのではなく、居住地と学校の位置関係、交通機関整備状況、学校制度、世帯属性などの影響を強く受けると考えられるが、本研究では交通手段利用履歴自体ではなく、交通手段利用履歴が大学生の将来の車購入に対する意識に与える影響を研究対象とすることから、居住地と学校の位置関係などの影響は直接的には取り扱わないこととする。

13.2　若年層の車離れに関する既往研究

20世紀後半の都市化の進展において、モータリゼーションは主要な課題であったことから、車購入、保有、利用等を対象とした研究には膨大な蓄積がある。たとえば、乗用車保有率と都市構造[5]、乗用車保有と世帯特性[6]、乗用車の複数保有[7]を対象とした研究などがある。佐々木ら[8]は、世帯のライフステージに着目して、これと乗用車保有との関係を分析している。しかし、過去の乗用車保有や利用といった交通手段利用履歴が将来の交通行動に与える影響に関しては対象としていない。また、1980～1990年代には、パネル調査を用いた車保有と交通手段利用に関する研究が数多く行われ[9),10]、過去の車保有と利用や交通手段利用履歴が将来の交通行動に影響を及ぼすことが明らかにされている。しかし、当時は、若年層の車離れは観測されておらず、その要因に関する知見はほとんど得られていないものと考えられる。近年でも、乗用車保有や利用モデルの精緻化[11),12]、ミクロな都市環境と乗用車利用との関係[13]、モビリティマネジメントによる乗用車利用の削減[14),15),16]などに焦点を当てた研究が進められている。藤井ら[14]は、モビリティマネジメントにおける習慣の重要性を考慮し、「一時的構造変化方策」の効果を検討している。また、島岡ら[15]、谷口ら[16]は、居住地変更前後において、引越し元における交通行動が引越し先における交通行動に影響を与えるという観点から、交通手段利用履歴の影響を検討している。交通手段利用履歴が習慣を形成し、その後の交通行動に影響を与えるという視点は、本研究と共通している。しかし、本研究で対象とする若年層の車離れに関連した検討はほとんど行われていないようである。

また、若年層の車離れを直接的に検討した例として、社団法人自動車工業会による2008年度乗用車市場動向調査「クルマ市場におけるエントリー世代のクルマ意識」[17]が存在する。本調査では、現役の大学生の車に対する意識と上の世代の大学生当時における車に対する意識（の記憶）とをアンケート調査などから比較、検討している。本調査は、若年層の車離れに関して、ある程度包括的な分析を試みているが、過去の交通手段利用履歴の影響に関しては、ほと

表 13.1 若年層の車離れの主な要因[2),3),17)]

要 因	主な内容
経済性	高い購入・維持管理費用、高い税金、低所得化
安全性	交通事故の懸念
環境負荷	地球温暖化・大気汚染の懸念
車保有・利用の手間	免許取得の手間、購入の際の手続きの手間、運転の困難
車の魅力低下	車の魅力の相対的低下、スマホなど競合商品の台頭
都市居住	公共交通による代替、車以外の交通手段によるアクセシビリティ向上
情報技術の進展	移動の代替、情報機器の長時間利用による移動の抑制

んど検討の対象としていない。既往研究にみられる若年層の車離れの主な要因を表 13.1 に示す。

以上の既往研究を踏まえ、本研究では、現在の大学生に対するアンケート調査を実施し、過去の交通手段利用履歴が将来の車購入に対する意識に与える影響に関して検討することを目的とする。具体的には、首都圏と地方都市に立地する大学の大学生に関し、高校、中学、小学校高学年時における通学交通手段利用状況を把握したうえで、通学交通手段利用履歴、および全般的な車・鉄道利用、居住地における車保有、鉄道駅近接性等の履歴と将来の車購入に対する意識との関係を検討する。

最後に、上記の関係、および環境負荷、情報技術の進展等、その他の要因を考慮に含めた将来の車購入に対する意識の強弱を表現するモデルを推定し、各要因の統計的有意性を検討することとする。なお、本研究では、経済的な要因から大学生の多くが自身の車を保有していない状況を考慮し、車保有状況の代わりに将来の車購入に対する意識を検討することとした。将来の車購入意識は必ずしも将来の車保有と一致するわけではないが、購入意識の強さが車保有の前提となることを想定し、検討を進める。

13.3 アンケート調査の概要

首都圏と地方都市に立地する大学の大学生を対象としたアンケート調査を実施した。調査は、調査協力の得られた 7 大学の学部学生を対象として行なった。A 大学と E 大学は首都圏都心（いずれも東京 23 区内）、B 大学と G 大学は首都圏郊外（それぞれ東京都心から 60 km 圏と 40 km 圏）、C 大学と D 大学と F 大学は地方都市（三大都市圏外の県庁所在地都市）に立地しており、全体で 388 票の回答が得られた。表 13.2 に各大学のサンプル数を示す。首都圏郊外のB大学とG大学以外は各大学とも30票以上が得られている。アンケート調査の配布と回収は、2013年1～2月にかけて主に土木系の学部学生を対象に行った。そのため、サンプルには専門や性別等に関してある程度偏りがある。しかし、本研究の目的は、過去の交通手段利用履歴が車の購入に対する意識に与える影響を検討することにあり、サンプルを拡大するなどして社会的な傾向を把握することを目的としていないため、本サンプルを用いて分析を行うこととする。

表13.2　アンケート調査の大学別サンプル数

	主な内容	主な内容
A大学	首都圏都心	45
B大学	首都圏都心	18
C大学	首都圏都心	102
D大学	首都圏都心	36
E大学	首都圏都心	72
F大学	首都圏都心	87
G大学	首都圏都心	28
計		388

表13.3は、アンケート調査内容の概要である。調査項目としては、大きく分類して、

①　現在の交通手段利用、免許取得意識、車の購入意識
②　過去の交通手段利用履歴等
③　環境負荷等などからみた車に対する意識
④　情報技術
⑤　個人属性

の5つが挙げられる。車の購入意識は、「将来、自分専用の車をご自身で購入する予定ですか？」と尋ね、「購入する」～「購入しない」の5件法で回答を求めている。過去の交通手段利用履歴に関しては、過去の通学交通手段のほか、通学目的外の車・鉄道利用頻度、居住地の車保有や鉄道駅近接性を尋ねている。環境負荷、車保有・利用の手間、車の魅力からみた車に対する意識は、特に表13.1を参考に設定し、それぞれ「車の利用は環境を悪くすると思う」、「車を購入する際の初期費用と手間は大変だと思う」、「スマホに比べ車の商品としての魅力は低いと思う」など関連質問を各々4つ設定し、表13.3に示す5件法で回答を求めている。これらはいずれも「車の購入意識」に負の影響を与えるものと想定している。なお、表13.1の項目のうち、「安全性」に関しては、被調査者の負担への配慮から調査項目に含めていない。

表 13.3　アンケート調査内容の概要

調査項目	主な質問内容
現在の交通手段利用、免許取得意識、車の購入意識	外出頻度、交通手段、外出目的、免許保有意識、車の運転頻度、車の費用負担、車の購入意識等
過去の交通手段、利用履歴	高校・中学・小学校高学年時の通学時間、通学交通手段、車・鉄道利用頻度、車保有、鉄道駅近接性等
環境負荷、車保有・利用の手間、車の魅力からみた車に対する意識	「車の利用は環境を悪くすると思う」等に対して「まったくあてはまらない」〜「非常にあてはまる」の 5 件法回答
情報技術	スマホ、PC、ゲーム機、SNS の利用時間
個人属性	年齢、性別、経済状況等

13.4　車購入意識と通学交通手段利用との関係

図 13.1 は、将来の車購入意識に関する質問に対する回答を大学ごとに示した結果である。なお、以降の分析結果の多くも大学ごとに示すが、これは各大学固有の特徴が結果にもたらす影響をなるべく排除するためである。首都圏都心に立地する A 大学と E 大学では、「購入する」と「たぶん購入する」の合計割合が 60%を下回っているが、他の大学では 80%を上回っている。首都圏都心における公共交通の利便性の高さが影響しているものと考えられる。「購入しない」と「たぶん購入しない」という回答も、20%未満であるが、A 大学と E 大学で相対的に高くなっている。

図 13.2 〜 13.4 は、高校、中学、小学校高学年時における通学交通手段利用状況を表している。交通手段利用履歴をみる目的から、いずれの交通手段についても複数回答可としている。高校時の通学交通手段利用状況に関しては、首

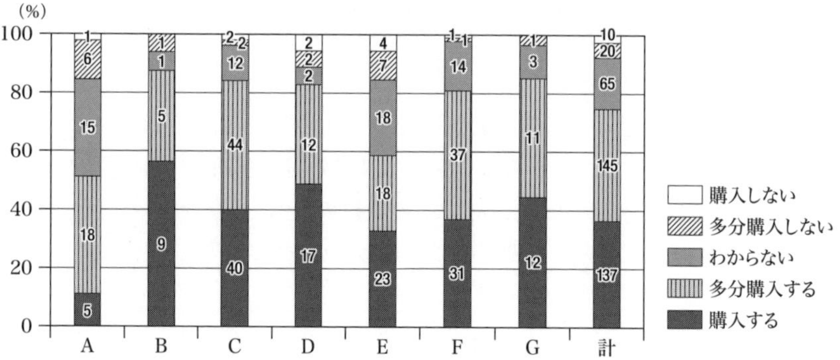

図 13.1　将来の車購入意識（数字は実数）

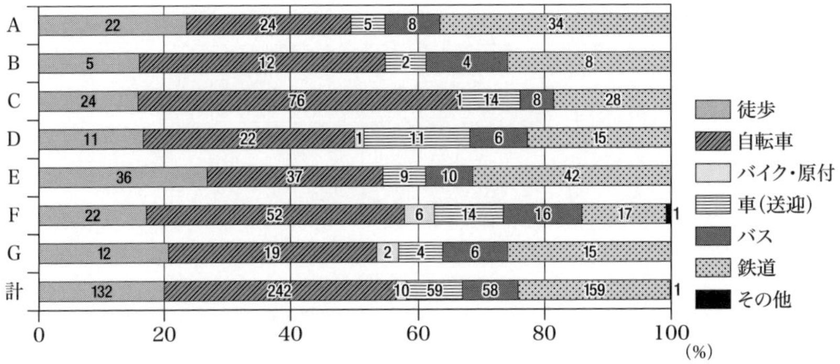

図 13.2　高校時の通学交通手段利用状況（数字は実数）

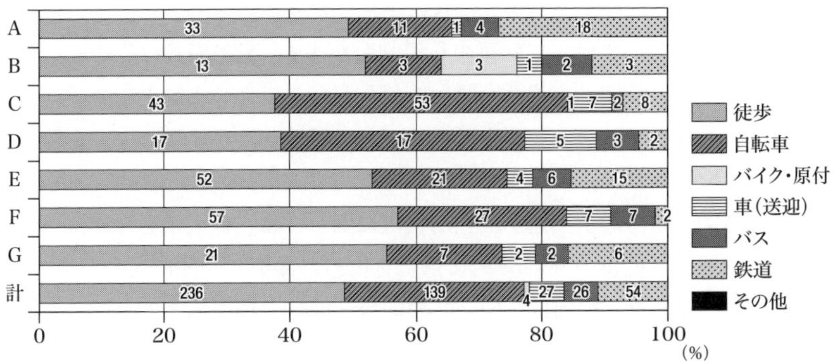

図 13.3　中学時の通学交通手段利用状況（数字は実数）

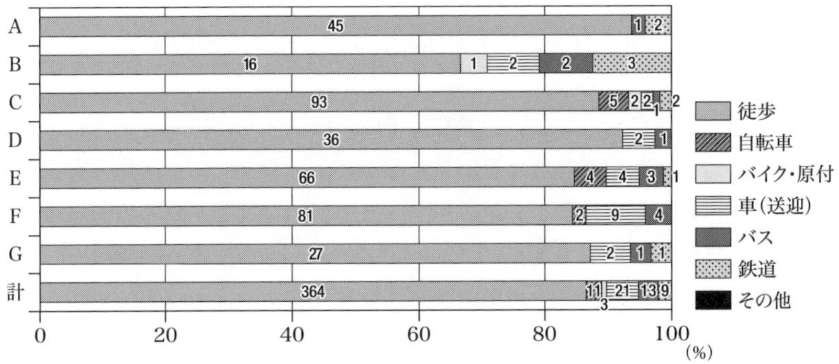

図 13.4　小学校高学年時の通学交通手段利用状況（数字は実数）

表13.4 車購入意識と通学交通手段利用履歴の相関

	高校時	中学時	小学校高学年時
徒　歩	−0.17	−0.07	−0.07
自転車	0.20	0.13	0.02
車（送迎）	−0.03	−0.08	0.01
鉄　道	−0.20	−0.21	−0.06

注）網掛けは5%有意を示す

都圏都心に立地するA大学とE大学においては鉄道の利用がχ^2検定1%有意で多い他は、徒歩と自転車利用で50%以上を占め、類似した傾向が示されている。

中学時の通学交通手段利用状況に関しては、鉄道と車（送迎）の相対的な利用傾向は高校時と同様であるが、割合は小さくなっている。また、地方都市に立地する大学においては、自転車の利用割合が1%有意で顕著に高くなっている。B大学においては、バイク・原付の割合が高く、他の大学とやや傾向を異にするが、これはサンプル数が少ないことと付属校が存在することが影響しているものと推察される。

小学校高学年時の通学交通手段利用状況に関しては、B大学を除き、いずれの大学においても徒歩の割合が80%以上を占め、類似した傾向を示している。B大学における異なる傾向は、中学時の場合と同様の理由によるものと考えられる。なお、大学の立地とそこに通う大学生の高校、中学、小学校の立地とが必ずしも一致するわけではない。

次に、将来の車購入意識に関して、「購入する」〜「購入しない」までの選択肢に+2〜−2までの数値を割り当て、高校、中学、小学校高学年時における各通学交通手段利用の有無との相関係数を算出した。その結果を表13.4に示す。

小学校高学年時においては、通学交通手段がほぼ徒歩に限定されるため、車購入意識との有意な相関係数は算出されなかった。しかし、中学時と高校時においては、自転車利用に関して正の相関、鉄道利用に関して負の相関係数が算出された。自転車に関しては、ドアトゥドアのパーソナルな交通手段として車と類似した側面があり、その利用履歴が大学生になった後も将来の車購入意識にプラスの影響を与えていると考えられる。また、鉄道に関しては、逆に車に対する代替交通手段として認識され、将来の車購入意識に対するマイナスの影

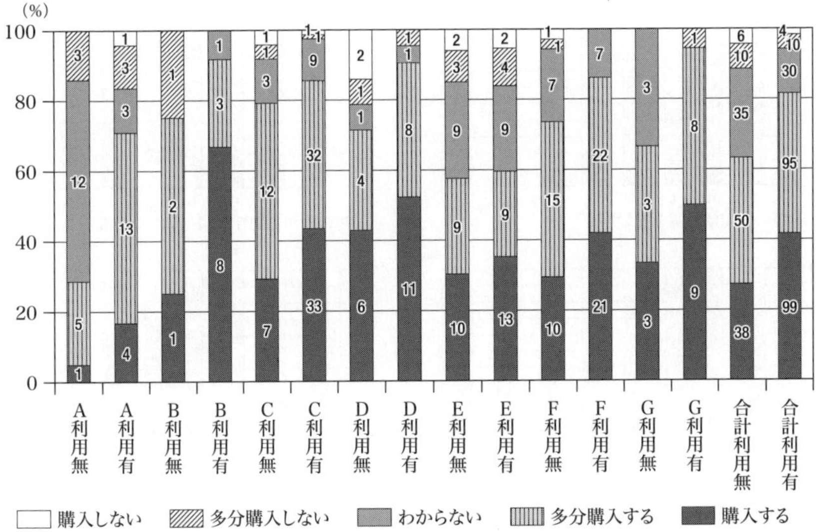

図 13.5　自転車利用有無別の車購入意識（高校時）（数字は実数）

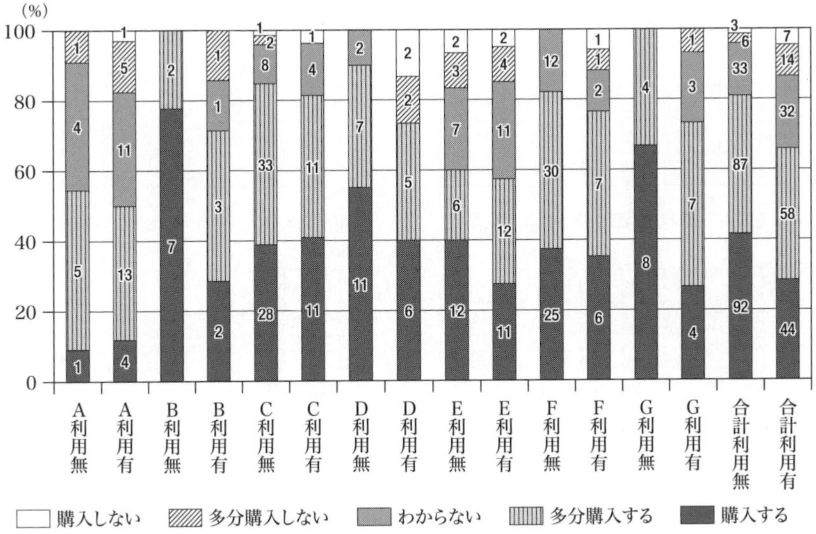

図 13.6　鉄道利用有無別の車購入意識（高校時）（数字は実数）

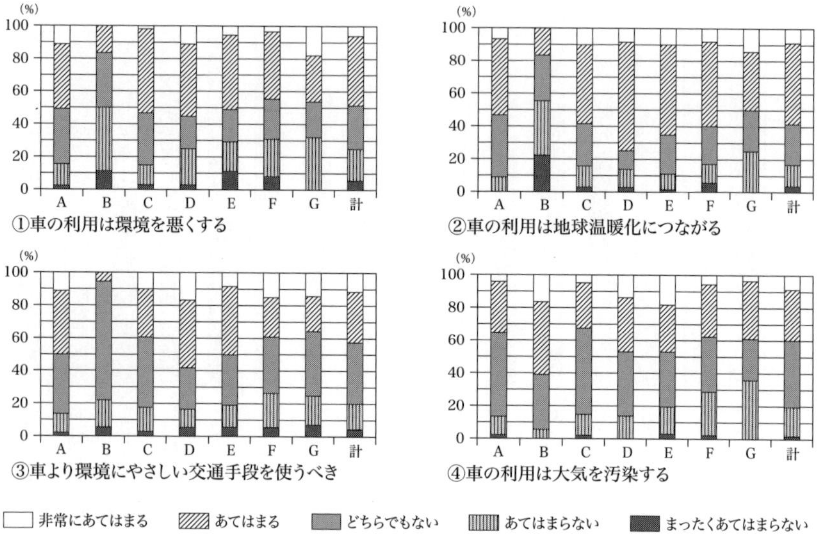

図 13.7　環境負荷からみた車に対する意識

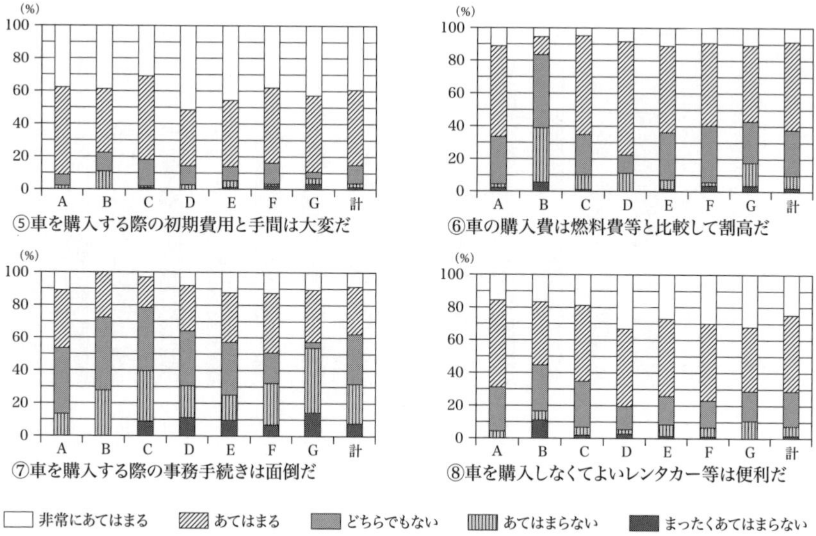

図 13.8　車保有・利用の手間からみた車に対する意識

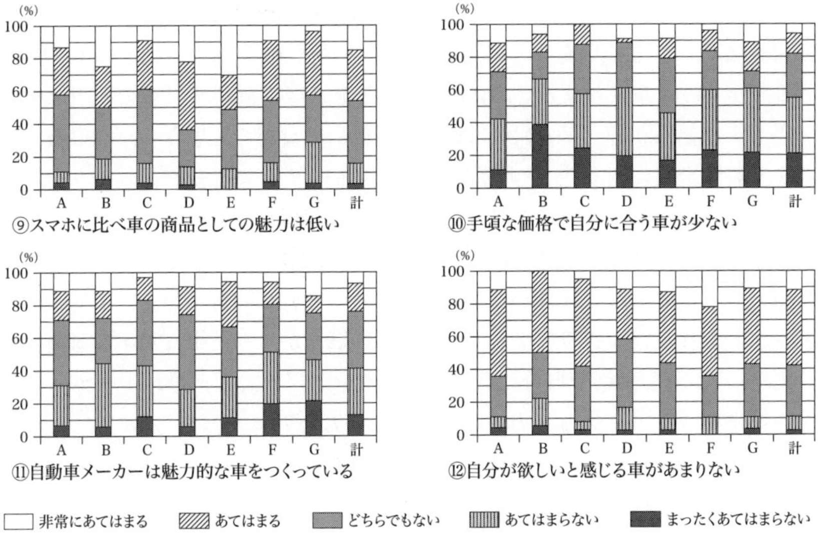

図 13.9　車の魅力からみた車に対する意識

響を与えていると考えられる。なお、車（送迎）に関しては、全般的に利用有のサンプルが少なく有意な結果とならなかった。また、徒歩は高校時の場合のみ負の相関係数が算出された。これは通学交通手段としての鉄道を補完する手段として利用される側面が反映されているものと考えられる。

表 13.4 では、全サンプルを分析対象としたのに対して、図 13.5 は、大学別に高校時における通学交通手段として自転車および鉄道の利用有無別に車購入意識を示したものである。まず、図 13.5 から、自転車の利用有の方が利用無の場合よりも車購入に対する意識が強い傾向が χ^2 検定 1％有意で確認できる。

また、図 13.6 から、鉄道の利用有の方が利用無の場合よりも車購入に対する意識が弱い傾向が 1％有意で確認できる。これらの結果は、首都圏や地方都市といった大学の立地によらず、通学交通手段としての自転車利用履歴が、大学生の将来の車購入意識にプラス、鉄道利用履歴がマイナスの影響を与えている可能性を示唆している。図には示していないが、中学時においても自転車と鉄道の利用履歴がおおむね同様の傾向を示していることから、中学時以降の通学交通手段としての自転車と鉄道の利用履歴が、大学生の将来の車購入意識に影響を与えているものと考えられる。

本節の最後に、環境負荷、車保有・利用の手間、車の魅力からみた車に対する意識に関しても結果をまとめておきたい。結果を図13.7～13.9に示す。環境負荷からみた車に対する意識に関しては、B大学を除いて「車の利用は環境を悪くすると思う」、「車の利用は地球温暖化につながると思う」などの環境に関する質問全般に対して、「非常にあてはまる」、「あてはまる」という回答が多く、車が環境に負荷を与えているという認識が広がっていることが示されている。車保有・利用の手間からみた車に対する意識に関しては、購入時の手間に関して「非常にあてはまる」、「あてはまる」という回答が多く、車購入には手間がかかるという認識となっている。車の魅力からみた車に対する意識に関しては、「手頃な価格で自分に合う車が少ないと思う」、「自動車メーカーは魅力的な車をつくっていると思わない」といった質問に対して、「非常にあてはまる」、「あてはまる」という回答が多く、自動車メーカーによる車づくりに関して、必ずしも満足をしていないという意識が表れている。

13.5 車購入意識を被説明変数とする順序型プロビットモデルの推定

最後に、通学目的の交通手段のみならず過去の全般的な交通手段利用履歴が、大学生の車購入意識に与える影響を統計的に検討する目的から、車購入意識を被説明変数とする順序型プロビットモデルの推定を行った。まず、被説明変数である将来の車購入に対する意識は、「購入する」から「購入しない」までの順序の5カテゴリー変数とした。説明変数としては、カテゴリー間の閾値変数、および各大学の立地などの相違を考慮するための大学別ダミー変数を与えている。

また、前節で検討した高校、中学、小学校高学年時の通学交通手段利用状況、および通学目的を含む全般的な車利用頻度と鉄道利用頻度、居住地における車保有状況と鉄道駅近接性（徒歩15分未満）も説明変数として検討した。さらに、過去の交通手段利用履歴以外の説明変数として、性別、年齢、生活費/月などの個人属性、環境負荷、車保有・利用の手間、車の魅力からみた車に対する意識の質問に対する5件法による回答結果、スマホ、PC、ゲーム機、SNSの利用時間（分/日）などの情報技術の進展に関連した項目も説明変数として検討した。モデル推定用サンプルはいずれの変数にも欠損の無い351サンプルを用い、関数形はプロビットモデルを選択した。モデルの推定結

表 13.5　車購入に対する意識を被説明変数とする順序型プロビットモデルの推定結果

	モデル 1		モデル 2	
説明変数	係数	t 値	係数	t 値
高校時通学自転車利用有	0.7083	5.9561	0.6811	5.6182
高校時車利用頻度（回／月）			0.0168	2.2506
＜情報技術の進展＞				
SNS 利用時間（分／日）			0.0026	2.7166
＜閾値・カテゴリーダミー＞				
「購入しない」「たぶん購入しない」閾値	−1.1592	−4.7447	−1.1596	−4.7293
「たぶん購入しない」「わからない」閾値	0.3223	4.6940	0.3339	4.7103
「わからない」「たぶん購入する」閾値	1.0843	10.4361	1.1150	10.4761
「たぶん購入する」「購入する」閾値	2.2931	18.1217	2.3467	18.1174
B 大学ダミー	1.8687	5.7336	1.8076	5.5077
C 大学ダミー	1.5650	9.2246	1.4182	8.0813
D 大学ダミー	1.7395	7.6759	1.4544	6.0065
E 大学ダミー	1.2912	7.6513	1.1347	6.4778
F 大学ダミー	1.6645	9.9775	1.5042	8.6714
G 大学ダミー	1.7918	7.2747	1.6845	6.7637
女性ダミー	−0.3231	−2.0113	−0.5350	−3.1008
サンプル数		351		351
初期尤度		1039.2025		1039.2025
最終尤度		434.3369		427.8639
ρ^2		0.5820		0.5883

果を表 13.5 に示す。

モデル 1 は、閾値・大学別カテゴリーダミー変数、高校、中学、小学校高学年時の通学交通手段利用状況、個人属性を説明変数とした結果である。モデル 2 は、さらに、全般的な車利用頻度と鉄道利用頻度、居住地における車保有状況と鉄道駅近接性、環境負荷、車保有・利用の手間、車の魅力からみた車に対する意識項目、情報技術の進展に関連した項目も説明変数として加えて検討している。推定結果は、符号条件と統計的有意性 10% 以上を満たす説明変数に限定した場合を示している。ρ^2 値から、モデル 1 もモデル 2 もモデル全体の説明力は十分な水準にあると考えられる。しかし、「購入する」から「購入しない」までの 5 カテゴリー変数に対する的中率は、モデル 1 が 43%、39%、18%、38%、1%、モデル 2 が　45%、39%、19%、39%、1% となっており、特に「購入しない」カテゴリーにおいて課題が残されている。

モデル 1 において、高校、中学、小学校高学年時の通学交通手段利用状況に関しては、高校時の自転車利用について正の有意な係数が推定された。高校時の自転車利用と中学時の自転車利用は相関が高く、いずれか一方のみしか説明変数として組み込めなかった。高校時や中学時の自転車利用が、大学生の車購入意識に正の影響を与える結果は前節と一致している。また、前節では、高校時、中学時の鉄道利用の影響が認められたが、本分析では有意な係数が求められなかった。また、車（送迎）利用も有意な係数が求められなかった。これはサンプル数が少ないことによるものと考えられる。個人属性に関しては、女性ダミーのみ負の係数が推定された。

モデル 2 においては、高校時車利用頻度のほか、情報技術の進展に関する説明変数の係数が有意に推定されている。通学交通手段としては、車（送迎）利用は限定的であるが、通学目的を含む全般的な車利用頻度は、車購入意識に正の影響を与えると考えられる。しかし、鉄道利用頻度、居住地における車保有状況と鉄道駅近接性に関する説明変数は、符号条件や統計的有意性の条件を満たさず、モデルに組み込むことができなかった。

環境負荷、車保有・利用の手間、車の魅力からみた車に対する意識も、当初想定した負の符号条件や統計的有意性の条件が満たされず、モデルに組み込むことができなかった。また、情報技術の進展に関連する説明変数としては、車購入意識に対して SNS 利用時間が正の影響を与える可能性が示されている。SNS は人間関係を活性化させ、複数の人間が移動する際の車の利便性が認識される可能性があり、これが車購入意識に正の影響を与えていると考えられる。

13.6　通学交通手段利用履歴と車購入意識に関する今後の研究課題

本研究では、現在の大学生に対するアンケート調査を実施し、過去の交通手段利用履歴が将来の車購入に対する意識に与える影響に関して検討した。本研究における主な結論は以下のとおりである。

首都圏と地方都市に立地する大学の大学生に関し、高校、中学、小学校高学年時における通学交通手段利用状況を検討した結果、小学校高学年では徒歩が卓越し、中学では地方都市の大学を中心に自転車が増加し、高校では首都圏都心の大学で鉄道が増える傾向が有意に認められた。

通学交通手段利用が大学生の将来の車購入意識に与える影響に関しては、クロス集計から中学時、高校時における自転車利用が正の影響を、鉄道利用が負の影響を与える可能性が有意に示された。

最後に、車購入意識を被説明変数とする順序型プロビットモデルの推定結果からは、通学交通手段として高校時の自転車利用、高校時車利用頻度について正の影響が認められたほか、情報技術の進展に関する説明変数の係数が有意であった。

以上の結果から、おおむね過去の交通手段利用履歴が大学生の将来の車購入に対する意識に影響を与えていると考えられる。しかし、鉄道利用履歴に関しては、一貫性のある結果が得られず、若年層による公共交通の利便性が高い都市居住が進展した場合、若年層の車離れが進展するかどうかは本研究の分析からは明らかとならなかった。

本研究における今後の課題としては、まず、本研究では、経済的な要因から大学生の多くが自身の車を保有していない状況を考慮し、車保有状況の代わりに将来の車購入に対する意識を検討した。しかし、車購入意識の強さが、将来的に実際の車保有に結びつくかどうかを検証する必要がある。また、本研究で用いたデータは、主に土木系の学部学生を対象に行ったアンケート調査に基づくものであり、他の個人属性を持った若年層に対しても同様な傾向が認められるかどうか、さらなる検討が必要である。

【謝辞】

本研究を進めるに際し、熊本大学溝上章志先生、圓山琢也先生、東京海洋大学兵藤哲朗先生、宇都宮大学（当時、現早稲田大学）森本章倫先生、岡山大学橋本成仁先生、首都大学東京（当時、現都立大学）小根山裕之先生の貴重なご協力を賜った。また、基礎的分析作業においては東京工業大学大学院生の松木智洋氏（2013 年当時）に補助をお願いした。ここに深く謝意を表したい。

【参考文献】

1) Puentes, R. and Tomer, A., The Road Less Travelled：An Analysis of Vehicle Miles Traveled Trends in the U. S., Metropolitan Infrastructure Initiatives Series, Brookings Institution, 2009
2) Millard-ball, A. and Schipper, L., Are We Reaching Peak Travel? Trends in Passenger Transport in Eight Industrialized Countries, Transport Reviews, Vol.31 (3), pp.357–378, 2011

3) Newman, P. and Kenworthy, J., 'Peak car use' : Understanding the Demise of Automobile Dependence, World Transport, Policy & Practice, Volume 17 (2), pp. 31-42, 2011
4) Goodwin, P., Three Views on 'Peak Car', World Transport, Policy & Practice, Volume 17 (4), pp. 8-17, 2012
5) 芦沢哲蔵、自動車保有率と都市構造との関係についての研究、第 14 回日本都市計画学会学術研究論文集、pp.205-210、1979
6) 鹿島茂、本多均、森浩、乗用車保有構造の分析、第 15 回日本都市計画学会学術研究論文集、pp.403-408、1980
7) 森地茂、田村亨、屋井鉄雄、金利昭、乗用車の保有及び利用構造分析、第 19 回日本都市計画学会学術研究論文集、pp.49-54、1984
8) 佐々木綱、朝倉康夫、木村宏紀、和田明、世帯のライフステージと車保有・利用の関連分析、第 21 回日本都市計画学会学術研究論文集、pp.145-150、1986
9) 北村隆一、森川高行、佐々木邦明、藤井聡、山本俊行、交通行動の分析とモデリング、技法堂出版、2002
10) 杉恵頼寧、羽藤英二、藤原章正、パネルデータを用いた交通機関選好意識のダイナミック分析、土木計画学研究・論文集、Vol.10、pp.31-38、1992
11) 桑野将司、藤原章正、塚井誠人、張峻屹、岩本真由子、コピュラを用いた自動車保有期間と走行距離の同時決定モデルの開発、土木学会論文集 D、Vol.66, No.1、pp.54-63、2010
12) 小林迪子、福田大輔、兵藤哲朗、田中倫英、道路交通センサスデータを用いた世帯の自動車複数保有及び利用構造の分析、土木計画学研究・論文集、Vol.26、No.3、pp.595-602、2009
13) 藤井聡、河本一郎、北村隆一、『一時的構造変化方策』の有効性の検証：自動車運転者への無料バス定期券配布実験、交通工学、Vol.39、No.2、pp.59-65、2004
14) 鈴木崇正、室町泰徳、自動車利用に影響を与える都市環境・個人要因のマルチレベル分析、市計画論文集、Vol.46 (1)、pp.13-18、2011
15) 島岡明生、谷口守、松中亮治、コンパクトシティ・マネジメントにおける行動変容戦略の不可欠性、土木学会論文集、No.786/IV-67、pp.135-144、2005
16) 谷口綾子、浅見知秀、藤井聡、石田東生、公共交通指向型居住地選択に向けた説得的コミュニケーションの効果分析、土木学会論文集 D, Vol.65、No.4、pp.441-448、2008
17) 社団法人自動車工業会、2008 年度乗用車市場動向調査～クルマ市場におけるエントリー世代のクルマ意識～、社団法人自動車工業会、2009

索　　引

(な行)

(は行)

(ま行・や行)

(ら行・わ行)

執筆者一覧

（執筆順・敬称略）

編著者

室町　泰徳（むろまち　やすのり）　はじめに、第1章～第3章、第6章、第8章～第11章、第13章

1965年東京生まれ。東京大学工学部都市工学科卒業、同大学大学院修士課程修了、博士（工学）東京大学。東京大学工学部助教授、フィリピン大学客員教授を経て、現在、東京工業大学環境・社会理工学院土木・環境工学系准教授。

執筆者

三科　善則（みしな　よしのり）　第3章、第6章

1949年東京都生まれ。東京都立航空工業高等専門学校機械工学科卒業。千代田化工建設株式会社入社後、東京都立大学理学部物理学科卒業、放送大学大学院文化科学研究科修士課程修了。千代田化工建設株式会社定年退職後、東京工業大学大学院総合理工学研究科博士後期課程入学、同大学院中途退学。博士（工学）東京工業大学。現在、ファーネスエンジニアリング株式会社アドバイザー。

永田　豊（ながた　ゆたか）　第4章

1962年大阪府生まれ。東京工業大学理学部物理学科卒業、同大学大学院総合理工学研究科修士課程修了。㈶電力中央研究所入所。博士（エネルギー科学）京都大学。現在、同研究所エネルギーイノベーション創発センター研究参事。

兵藤　哲朗（ひょうどう　てつろう）　第5章、第12章

1961年東京生まれ。東京工業大学土木工学科卒業、同大学大学院修士・博士修了、工学博士。東京商船大学助教授、東京海洋大学助教授を経て、現在、東京海洋大学教授。

松橋　啓介（まつはし　けいすけ）　第7章

1971年宮城県生まれ。東京大学工学部都市工学科卒業、同大学大学院工学系研究科修士課程修了。環境庁国立環境研究所研究員等を経て、現在、国立研究開発法人国立環境研究所社会環境システム研究センター室長。博士（工学）東京大学。

鈴木　崇正（すずき　たかまさ）　第 8 章、第 9 章

1980 年埼玉県生まれ。東京外国語大学外国語学部卒業、東京工業大学大学院博士後期課程単位取得退学。博士（工学）東京工業大学。（株）東芝、（公財）鉄道総合技術研究所研究員、九州旅客鉄道（株）出向を経て、現在、（公財）鉄道総合技術研究所副主任研究員。

編著者略歴

室町　泰徳　（むろまち　やすのり）

1965年東京生まれ。東京大学工学部都市工学科卒業、同大学大学院修士課程修了、博士（工学）東京大学。東京大学工学部助教授、フィリピン大学客員教授を経て、現在、東京工業大学環境・社会理工学院土木・環境工学系准教授。IPCC 第4次評価報告書（ノーベル平和賞受賞時）の WG3 第5章「交通とインフラ」主執筆者。公益社団法人日本交通政策研究会 CO_2 研究会主査。

公益社団法人　日本交通政策研究会

代表理事　山内弘隆・原田　昇

所在地　〒102-0073　千代田区九段北 1-12-6　守住ビル

　　　　電話　03-3263-1945（代表）

　　　　FAX　03-3234-4593

○日交研シリーズ、その他、研究会についてのお問い合わせは上記におねがいします。

日本交通政策研究会研究双書 33

運《うん》輸《ゆ》部《ぶ》門《もん》の気《き》候《こう》変《へん》動《どう》対《たい》策《さく》

ゼロエミッション化に向けて

定価はカバーに表示してあります

2021年1月18日　初版発行

編著者　室町　泰徳

発行者　小川　典子

印　刷　倉敷印刷株式会社

製　本　東京美術紙工協業組合

発行所 株式会社 成山堂書店

〒160-0012　東京都新宿区南元町4番51　成山堂ビル

TEL：03(3357)5861　FAX：03(3357)5867

URL http://www.seizando.co.jp

落丁・乱丁本はお取り換えいたしますので，小社営業チーム宛にお送りください。

Printed in Japan　ISBN 978-4-425-92971-9

日本交通政策研究会研究双書

32 地方公共交通の維持と活性化

青木　亮　編著

A5 判　250 頁　定価 本体 3200 円（税別）

ISBN978-4-425-92961-0

需要の掘り起こし、観光客輸送、貨客混載など、様々な視点から創意工夫された各地の取り組みを紹介。生活に欠かせない地域交通の問題であるが、とりわけ交通を支える運輸事業者（バス・タクシー・鉄道会社）、そして自治体の交通行政担当者にとって、地域公共交通の維持策、活性化への示唆に富む書。

31 道路課金と交通マネジメント
― 維持更新時代の戦略的イノベーション ―

根本敏則・今西芳一　編著

A5 判　280 頁　定価 本体 3,200 円（税別）

ISBN978-4-425-92891-0

交通インフラの維持更新に対する GPS を活用した大型車対距離課金、リアルタイムの交通状況を反映した混雑課金、総重量による料金、ITS を活用した大型車通行許可など、各国の革新的事例を見ながら、今後の道路交通行政のあり方について考察する一冊である。

29 ネット通販時代の宅配便

林　克彦・根本敏則　編著

A5 判　248 頁　定価 本体 2800 円（税別）

ISBN978-4-425-92841-5

当日配送などサービスの高度化も加速し、宅配便事業者・通販事業者にも新たな対応が求められている背景を踏まえて、宅配便の現状と課題を日本だけでなく、米国や中国など海外事例も取り上げ分析・解説。ネット通販とのリンクで、不況下でも成長を続ける宅配便市場について考察する意義ある一冊。

27 交通インフラ・ファイナンス

加藤一誠・手塚広一郎　編著

A5 判　300 頁　定価 本体 3200 円（税別）

ISBN978-4-424-92831-6

交通インフラが建設から運営の時代へと変わり、これからの交通インフラを考えるうえで、格付けの手法や考え方を学ぶことが重要とされている。本書は、交通インフラの所有形態、課金のあり方、および資金調達に関する研究をひとつにまとめた、日本の交通インフラの将来を見据えた一冊。